KB153774

강원도, 느림의 미학

강원도, 느림의 미학

유현옥 지음

행성B

차례

2부 / 한결같이 위로하는 강원도의 '바다'

3부 / 묵묵히 내어주는
강원도의 '강, 마을, 사람들'

'강원도의 힘'을 찾아서

서울에 가서 강원도에서 왔다고 하면, 엄청나게 고생하고 '올라왔다'고 여기며 대접이 후하다. 시골 사람에 대한 측은함을 은근히 덧붙이곤 한다.

내 옛 직장의 선배는 방송에서 일기예보를 할 때마다 '강원도 산간 지방에 눈이 내리겠습니다….' 식의 강원도와 산간 지방을 등치시킨 표현을 너무 싫어하고 항의도 한 적이 있다. 기상 캐스터는 그런 뜻으로 말을 한 것이 아님은 분명하다. 강원도 중에서도 일부 산간 지역을 의미했을 것이다. 순전히 강원도 사람의 콤플렉스이다.

또 강원도 사람들은 선거철만 되면 강원도의 현안이 이슈로 부각되어 정치 쟁점이 되거나 공약으로 크게 반영되지 않는 것에도 적지 않은 반감을 가지고 있다. 전국 유권자의 3퍼센트밖에 되지 않는 강원도 인구가 갖는 한계점이다. 그래서 강원도 사람들은 은근한 소외감을 안고 산다.

나 또한 다르지 않았다. 태어난 곳에서 줄곧 성장하여 그곳에서 살아간다는 것이 너무 지루하고 약점처럼 느껴진 시간이 참 많았다. 하지만 울타리를 훌쩍 뛰어넘기는 쉽지 않았고, 고향에서 살아가는 어른이 되었다. 그래서 이 답답함을 내가 사는 곳을 조금 더 깊이 알아보는 것으로 달랬다. 우리 동네의 역사, 지금을 살아가는 사람들의 이야기, 이런 것에 시나브로 관심을 갖게 된 것이다.

학문적인 관점보다는 살아가는 이야기가 문화가 되고 그것이 곧 지역의 힘이라는 생각으로 한 걸음 한 걸음 내딛다 보니 사는 곳 춘천을 중심으로 강원도의 이야기를 찾아다니고 글을 쓰는 일을 제법 하게 되었다.

마을과 사람을 기록하여 글을 쓰거나 스토리 콘텐츠를 찾아내서 관광 또는 도시재생에 활용하는 등의 작업이 하나씩 늘었다. 하지만 내 작업은 거기에서 머물러 있었다. 경계를 넘나드는 글쓰기가 많아졌지만 무엇 하나를 제대로 정리하지 않았다는 자각으로 고심하는 즈음, 정말 축복처럼 강원도 이야기를 정리해서 쓰는 기회를 얻었다.

늘 마음에 남아있던 과제 하나를 푸는 마음으로 즐겁게 이번 작업을 시작했다. 하지만 곧 벽을 만났다. 내가 말하는 강원도를 다른 이들이 얼마나 공감할까. 많은 이야기 중에 무엇을 가려내야 하나…. 미궁으로 빠지며 돌이킬 수 없게 된 일을 후회하기도 했다.

하지만 강원도에서 태어나 앞으로도 이곳에서 살아갈 나의 시선, 타자가 아닌 강원도 안에 있는 사람의 하나로서 풀어놓고 싶은 이야기를 해보자는 마음으로 멈칫거리던 걸음을 다시 이었다. 강원도 곳곳을 더욱 깊은 시선으로 바라보고 이야기를 찾아냈다.

춘천, 원주, 강릉, 3개의 도시가 중심을 이루며 18개 시·군(7개의 시와 11개의 군) 지역으로 이루어진 강원도, 땅의 크기에 비해 인구가 적고 도시 문명의 혜택도 적은 땅, 그래서 개발 중심의 가치에서 밀려 있는 곳이다. 하지만 사람들은 휴가철이면 강원도를 찾는다. 동해안의 어디에서 바다를 만나고, 산골 작은 마을의 생활 체험을 하기도 하고, 산을 찾아서 등반을 하거나 숲속 캠핑으로 일상의 피로를 풀어낸다.

지친 사람들을 품어주는 곳, 자연의 온전함과 순박함으로 사람들을 넉넉하게 품을 줄 아는 곳, 강원도가 갖는 힘은 아마 이런 것이 아닐까 싶다.

산과, 바다, 그리고 강, 그 사이에 마을을 이루고 사는 사람 중에서 나의 경험 폭 안에 있는 것들을 다듬었다. 소재의 기준과 관점은 내 경험의 파장 안에서 숙성된 것만을 골랐다. 더 깊은 이야기를 하지 못했거나 미처 꺼내지 못한 것들이 아쉽지만 지금의 내 눈높이를 인정하고 받아들이기로 했다. 이 글을 계기로 나의 시선의 깊이와 높이가 한 단계 더 오르게 되기를 기대해 본다.

홍상수 감독의 오래전 영화, 〈강원도의 힘〉이 있다. 강원도를 소재로 한 영화라는 것 때문에 강원도 사람들이 매우 반가워했지만 막상 무엇이 강원도의 힘인지, 왜 이런 영화를 만들었는지 쉽게 눈치채지 못하는 영화였다. 그리고 그 단어 '강원도의 힘'만 정치적으로 끊임없이 오용되었다.

삶에 지친 사람들이 아주 잠깐, 때로는 삶과 죽음의 경계에서 찾아오는 강원도, 그들을 팔 벌려 품어주는 곳, 그러면서 티 나지 않게 보듬어 다시 삶의 길로 나아가게 하는 곳, 그런 마음으로 강원도 땅을 돌아보는 과정은 여러 일로 팍팍해 있던 내 마음이 먼저 위로받는 시간이었다.

강원도의 가장 큰 힘인 자연, 그리고 그 자연을 크게 거스르지 않고 사는 사람들, 자연인自然人, 스스로 있는 사람들, 신의 세계를 살아가는 사람들이 많은 땅이 강원도이다. 글을 쓰는 중간 삶에 큰 위협이 있었고, 한동안 진전을 이루지 못했다. 그렇게 느려진 글을 기다려주고 격려해준 행성B의 이윤희 편집장님과 임태주 대표님께 마음 깊이 감사드린다. 소박한 글이 강원도와 강원도 사람들을 조금 더 깊게 들여다보는 창이 되기를 기대해본다.

유현옥

1부 품어주고 치유하는 강원도의 '산'

고개를
넘은
사람들

강릉 여성의 서울 나들이

때는 1913년, 조선은 일본에 강제 합병되어 나라가 없어지고 조선총독부가 통치하고 있었다. 조선은 일본에 의해 신문물이 들어서고 있었다.

경성우편국에 공전식共電式 시외 교환기가 설치되었고, 종로 부근에는 신설되는 전차 노선의 준공이 있었다. 또 일본극 활동사진 상설 상영관인 대정관大正館도 이 해에 개관했다. 경성(서울)은 식민지 수탈 목적 여부를 떠나 하루가 다르게 새로운 근대적 문물로 변화가 이루어지던 때, 강릉에 사는 한 초로의 여성 김씨가 남편, 딸과 함께 서울 길에 올랐다.

8월 13일(음력) 출발한 여행길은 10일에 걸친 걸음 끝에 서울에 당도하였고, 그로부터 5일간 서울 시내를 구경한다. 그리고 다시 8월 29일 서울을 떠나 9월 8일 강릉 장현마을 자기 집에 당도한다.

김씨는 매일 50~60리 길을 걸어 서울과 강릉을 오간 것으로 기록되어 있다. 딸의 편발 치료와 더불어 집안의 우환으로 쌓인 마음의 어둠을 털어내기 위해서 나선 여행으로 남편과 딸이 함께한 여정이었다. 강릉에서 서울까지 10일이 걸리는 여행길에 나선 여성의 나이는 쉰두 살, 당시 여성으로는 매우 드문 사건이다. 그녀는 서울 구경 길을 하루하루 일기 형식으로 기록을 남겨놓았는데, 강릉에서 서울로 향하는 여로와 여행에서 신문물을 만나며 느낀 감동을 꼼꼼히 적었다. 특히 여성들이 학교에서 공부하는 모습은 대관령 너머의 마님에게는 엄청난 문화적 충격이었음을 이야기한다.

잠깐 쉬어 술바우 지나 청도루 지나 횡계 주막에 다다르니 서산에 해가 걸려 석양천夕陽川이 되었거늘, 인하여 숙소를 정하니 행로가 오십 리라. 그곳은 이전에 역촌驛村이었더니 지금은 헌병 파견소가 되어 일본 사람도 있더라. 여자는 먼 길 출입이 본래 없기로 주막집 숙식이 처음이라.

(…)그날 밤 종로에 나와 등불 구경하니 전기등, 와사등이 휘황찬란한데 그중에 활동사진 하는 우미관 전기등이 제일 많더라. 종로 바닥이 밤낮같이 어두운 구석 전혀 없고 사람의 이목이 도리어 현황眩慌한 것 같더라.
—박미현,《강릉 장현마을 김씨 할머니의 서울 구경》

김씨의 여정은 강릉 - 구산 - 횡계 - 월정거리 - 웃진부 - 아

대관령 옛길-반정 표지석

랫진부 – 재말낭고개 – 웃안흥 – 횡성 – 풍수원 – 양평 – 망우
리 – 홍릉으로 이어진 걸음이었다. 이 길은 예로부터 서울을
중심으로 조성한 도로망 가운데 하나인 관동대로 구간이다.

대관령을 넘는 마음은

태백산맥은 한반도의 동쪽으로 길게 솟아나 있어 마치 등뼈와 같은 모양이다. 그래서 우리나라의 등줄기로 표현된다. 함경남도에서 부산까지 수많은 산이 첩첩이 이어지면서 만들어낸 등줄기, 그 가운데 강원도에는 대관령(832미터), 미시령(826미터), 진부령(520미터) 등 백두대간을 가로지르는 큰 고개가 있다. 이 고개들을 경계로 강원도 땅은 영동과 영서로 나뉘는데 두 지역은 기후가 다르고 문화도 다르다. 하나의 행정구역으로 묶여있지만 '어쩜 이처럼 다를까?' 싶은 문화가 한둘이 아니다. 산으로 막혀있고 큰 고개를 넘어야 통하는 마을들은 이렇게 서로의 내왕이 힘겨운 가운데 자신만의 지역 색깔을 키우며 존재해왔다. 특히 이 영 너머의 마을들은 서울의 시각에서 바라보면 아주 먼 땅이다. 그래서 예로부터 영동(관동) 지역으로 간다는 것은 벼슬을 하는 이들에게는 좌천이고, 국가의 뜻에 반한 사람들에게는 유배였다.

2021년 6월 어느 날, 강릉에서 대관령을 넘었다. 강릉 하면 대부분 사람은 경포호수, 바다, 커피 등을 먼저 떠올릴 것이다. 저마다 관심사에 따라 다양한 연상을 하겠지만 모처럼 대관령 옛 도로를 가려니 새삼 서울로 가던 사람들을 하나씩 떠올리게 된다.

예나 지금이나 길은 서울로 향한다. 많은 정보와 기회가 그곳에 있기에 서울 땅 밖에 사는 사람들은 늘 서울 길을 동경한다. 그래서 서울로 서울로, 향하던 발걸음에는 많은 이야기가 담긴다.

영동 지역에 사는 사람들에게 백두대간의 고개는 보다 넓은 세상으로 나아가기 위해서 반드시 넘어야 했던, 멀기도 하지만 험하기도 한 관문이었다. 과거를 보러 가고, 돈을 벌러 가는 길, 그들에게 펼쳐질 세계에 대해 품었던 막연한 두려움은 아마 이 고개를 넘으면서 비로소 정면으로 다가오는 현실이 되지 않았을까?

나는 지금 대관령을 넘으며 옛사람들의 걸음을 소환하고 있다. 큰 고개 너머 강릉 사람들의 발걸음을 무겁게 했던 길, 이 길을 걸었던 사람 중 우리가 가장 잘 아는 사람은 강릉이 고향인 신사임당이다. 조선의 화가로서 독특한 화풍을 만들었지만 아들 율곡의 빛이 너무 큰 탓에 '어머니 표상'이 된 신사임당, 아이러니하게도 이러한 현모의 이미지 덕에 후대의 우리가 그를 기억하게 된 것이 아닐까 하는 생각도 든다. 조선 시대 여성이 온전히 화가로서만 이름이 크게 남기는 어려울 테니 말이다.

강릉에서 태어나고 자라서 덕수 이씨 집안의 이원수와 혼인한 신사임당은 혼인 후 한동안 친정에서 살았다. 당시에는 시댁에 가지 않고 친정에 머무르며 생활하는 혼인 풍습이 있었기 때문이라고 한다. 한동안 평창에서 거주하기도 하고 친정과 시댁을 오가며 생활하던 사임당은 38세에 드디어 거주지를 완전히 옮긴다. 늙으신 어머니를 두고 시댁인 서울로 향하며 그녀는 언제 다시 고향에 올 수 있을지 알 수 없는 막막함과 어머니에 대한 그리움으로 무거운 걸음을 옮긴다.

그 마음을 담아 시를 남겼고 대관령의 중간 지점인 반정에 시비가 놓여있어서 현대의 우리는 이 길을 지나며 잠시 멈추어 시를 읽고, 또 온 길과 남은 길을 중간 점검하는 시간을 갖는다.

지금은 영동고속도로가 새로 나서 이곳을 지나는 차량이 많지는 않지만 강릉에서 영을 넘거나 반대로 영서 지역에서 강릉으로 향하며, 구불구불 대관령의 아흔아홉 굽이를 넘으며 잠시 숨을 돌릴 수 있는 지점에서 이 시비를 만나게 된다. 험한 고갯길에서 만나는 사임당의 시는 마음을 비장하게 하기도 하고 애틋함을 품게도 한다.

踰大關嶺望親庭(유대관령망친정, 대관령을 넘으며 친정을 바라본다)

慈親鶴髮在臨瀛 늙으신 어머님을 고향에 두고
身向長安獨去情 외로이 서울로 가는 이 마음
回首北村時一望 돌아보니 북촌은 아득도 한데
白雲飛下暮山靑 흰 구름만 저문 산을 날아내리네

강릉에서 출발하여 최종 목적지 춘천으로 가기 위해 넘기 시작한 옛 대관령 도로, 이 길도 본래의 길보다는 훨씬 잘 닦인 길이지만 굽이굽이 주행 연습을 하듯 넘어간다. 저절로 고개에서 잠시 멈추게 된다. 이곳에서 바라보는 강릉의 풍경이 아련하고 갈 길 또한 만만치 않음을 확인한다. 오랜만에 넘는 대관령에서 사임당의 시를 읽으며 열흘 거리를 가던 사임당의 마음을 내게도 담아본다.

구도로 옆으로 사이사이 옛길이 있다. 긴 여정에 쉬어가던 주막, 그 걸음을 지켜줄 신이 있던 국사성황당 등의 흔적이 있는 옛길은 현재 걷기 코스인 강릉 바우길 2구간으로 정비되어 있다. 강릉에서 평창으로 이어지던 고개를 넘던 옛사람들을 기억하며 걷는 사람들의 발길이 제법 잦다. 그들은 예전과는 다른 마음으로 이 길을 걷는다. 빠른 속도에 지친 이들이 오롯이 자신의 다리로 걷는 것, 느린 걸음 속에서 시간을 되돌리며 삶을 리셋하는 시간이다. 바우길은 대관령 휴게소에 있는 신재생에너지관에서부터 강릉 방향으로 가는 길인데, 옛 주막터를 지난 뒤 마을 방향에서 대관령박물관으로 가거나, 보광리 방향으로 가는 코스 2개가 있으며 6시간 거리로 안내되어 있다. 거리는 14.7킬로미터.

하지만 나의 경험으로는 이런 안내를 너무 과신하면 안 된다. 특히 산길의 거리를 일반 평지로 가늠하면 안 되고, 걷는 속도도 평소 걷기 습관이 얼마나 되느냐에 따라 편차가 크므로 넉넉하게 시간을 잡고 자기만의 속도를 만들어내는 것이 중요하다. 이 대관령 옛길과 연계되어 백두대간 등줄기를 걷는 선자령 풍차길도 인기 있는 길이다. 산 위로 걸으며 영동과 영서를 한눈에 보는 것이 매력이다.

옛사람들은 생활을 위해 넘나들었던 대관령 옛길, 하지만 지금은 일상에서 벗어나 여가를 즐기는 사람들의 길이 되었다. 길의 쓰임새는 달라졌지만 산과 산길은 사람들을 품으며 여전히 그곳에 있다.

강릉 바우길 안내 표지

천년의 축제가
시작되는
대관령 국사성황당

성황당을 지나며 마음을 다독인다

대관령을 넘다 보면 마루턱에서 국사성황당을 만난다. 휴게소에서 약 1킬로미터가량 산으로 올라가야 하는데, 주소로는 평창 지역이지만 이곳은 강릉단오제가 시작되는 공간이다. 성황당은 선자령을 넘는 사람들이 꼭 만나는 곳이다. 성황당이 있다는 것은 인근에 마을이 있고 길이 있다는 의미이다. 성황당은 늘 길목에 있다. 길을 가다 무서움과 외로움이 차오를 때 이곳에서 안녕을 빌고, 돌도 하나 얹는다. 작은 행위이지만 몸을 움직여 마음을 표현했다는 흔적이 더욱 위안을 주는 것이 아닐까 추측해본다. 성황목이 있고, 돌무지가 있고 무엇보다 사당이 있어 신을 모신다.

　살아가면서 힘든 일이 있을 때, 어디로 가야 할지 방향을 알 수 없을 때 사람들은 신을 찾는다. 신은 저마다의 환경과 문화에 따라 다양한 성격으로 표현되고 숭배되는데 우리의 오랜 신은 무속 신이다. 일상 곳곳에서 만나는 신이다.

강릉 시내에서 한참 먼 대관령 숲속의 국사성황당은 이 신을 모신 곳이다. 무속인들이 많이 찾아오는 곳으로 영적인 힘을 돋우기 위한 큰 규모의 제사가 열리기도 한다. 대한민국의 등뼈인 태백산맥 긴 줄기를 관통하는 대관령에 자리한 성황당의 영험함을 믿고 싶은 사람들이 많기 때문일 것이다.

이곳이 강릉단오제가 시작되는 곳이다. 강릉단오제는 대관령 산신을 모신 가운데 마을 축제를 벌인다. 산신제와 마을 축제가 결합한 독특한 형태인데 여기에 범일국사梵日國師 설화 등이 중첩되면서 강릉만의 색깔을 나타내는 축제로 면면히 이어지고 있다.

국사성황당은 신라의 국사였던 범일을 모시고 있다. 신라 선승인 범일은 강릉 학산에서 태어났다고 하며 강릉 세거족世居族(지역의 뿌리가 된 주요 성씨 집안)인 강릉 김씨 손이다.

강릉 굴산사에서 입적하였다는 범일국사는 신라 시대에 강릉, 양양, 동해 등지 사찰을 중건 및 건립하는 등 영동 지역 불교에 많은 영향을 끼쳤기 때문에 이 지역에서 숭앙받는 사람이다. 이러한 영향력으로 인해 그와 연관된 신화가 탄생하여 오늘날까지 이어지고 있다.

강릉단오제는 매년 음력 4월 15일 강릉의 제관들이 국사성황당으로 와서 제를 올리고 아랫마을 홍제동에 있는 여국사성황당으로 신을 모신다. 두 신이 이곳에서 하룻밤을 함께한

대관령 국사성황당

다. 국사성황신과 여성황신이 합방을 하는 것이다. 그러고 나서 강릉 남대천 일대에서 펼쳐지는 단오제의 굿당으로 모셔진다. 비로소 본격적인 축제가 시작되는 것이다.

강릉 사람들은 성황신들의 합일을 준비하기 위해 동네마다 쌀을 거둬 신들을 위한 술을 빚는다. 또 신을 모시기에 앞서 신목神木을 찾아 단오장으로 가는 행차에 앞세운다. 무속적인 행사이지만 유교 의례인 제사가 결합하여 시작되는 강릉단오제는 지역에서 오래 이어오며 여러 문화가 융합하여 자리매김한 전통문화이다.

단오 장터에서는 굿판과 함께 관노가면극, 씨름, 창포물에 머리 감기, 단오 신주神酒와 취 잎으로 만든 취떡 먹기 등 전래부터 행해진 민속과 현대의 공연과 놀이가 펼쳐진다. 각종 장터도 열리는데 단오장에서 이불을 사면 길하다는 속설이 생겨 단오장에서는 이불이 잘 팔린다.

단오 장터에서 이불을 사면 길하다

시끌벅적하며 남대천 변 양쪽에 자리하는 단오마당은 강릉의 늦봄을 뜨겁게 하는 잔치이다. 매일 굿판이 열리며 그곳에는 많은 사람이 좌정하여 연신 기도를 한다. 그들의 기도는 자식에 대한 복을 빌고 가정의 안녕을 비는 소박하고 현실적인 것들이다. 종이로 만든 색색의 장식물들이 굿당에 매달리고, 풍물이 울리면 사람들의 마음이 설렌다. 그래서 특별히 굿에 대한 관심이 없어도 그곳으로 발길을 향하게 되며 화려한 옷을 입은 무녀의 주술을 보면 슬그머니 작은 소원 하나를 마음속으로 빌게 된다. 그리곤 굿판이 무르익을 무렵 돌아가는 복채 주머니에 지폐 하나 얹는다. 강릉 사람들은 누구랄 것도 없이 단오 신주를 만드는 데 쓸 쌀을 선선히 내어놓으며 그날부터 축제를 기다리고 단오를 마음에 새긴다.

단오마당에서는 쌀과 마음을 모아 빚은 신주를 시음하고 곁들여주는 취떡을 맛보는 재미가 있다. 게다가 창포물에 머리를 감을 수 있다. 나는 단오에 가면 호기심으로 이 창포물에 머리를 감곤 하는데 창포물에 머리를 담그면 왠지 더 정결해지는 느낌이다. 이 과정을 돕는 지역 여성들의 봉사 손길이 감사할 따름이다.

많은 손길이 가는 축제는 자원봉사 인력도 만만하지 않은데 강릉 사람들은 어떤 형식으로든 이 축제에 한 역할을 해내는 데 자부심을 느낀다. 그래서인지 온 기관 단체들이 참여한다. 어디 강릉 사람들뿐인가, 강원도 곳곳에서 이 축제를 구경하려고 사람들이 모여들고 남대천 일대는 교통이 마비될 정도로 붐빈다. 씨름이 열리고 서커스가 공연되는가 하면 장터들이 길게 줄을 이어 호기심과 새로움으로 사람들을 유혹한다.

메타버스metaverse의 세상, 비대면으로 무엇이든지 할 수 있는 세상이지만 단오마당의 이 흥청거림을 무엇으로 대신할 수 있을까.

단옷날에는 취떡을 먹고, 여자들은 창포물에 머리를 감고 그네를 뛰며 씨름을 하는 것은 우리나라의 보편적인 절기 문화이다. 이 중 강릉단오제는 오랜 역사와 함께 축제로 확장되어 유네스코 세계문화유산으로 등재되었다. 우리나라 국가무형문화재 제13호이기도 하다.

논에 모심기를 하고 난 뒤 본격적인 여름을 맞이하기에 앞서 풍년을 기원하며 한바탕 놀이를 즐기는 단오의 풍습이 강릉에서 이렇게 확대되고 유지되어 오는 것은 어떤 까닭일까? 그것은 아마도 강릉 지역이 오래도록 독립적인 정치와 문화를 누릴 수 있었기 때문일 것이다.

그 역사는 신라로 거슬러 간다. 신라의 왕족이었던 태종 무열왕 김춘추의 5세손 김주원이 왕권에서 밀려나면서 명주(강릉)에 봉토를 받아 명주 군왕으로 자리하였다는 강릉 지역의 역사가 출발점이다. 지역에는 신라 문화가 깊이 자리하고 여러 흔적이 남아있는데, 그중 하나인 강릉단오제는 범일국사, 김유신 등을 지역민을 지켜주는 신으로 모시며 오랜 전통을 이어오고 있다. 대관령 산신은 범일국사를 주로 이야기하지만 김유신이 대관령 산신이 되었다고도 한다.

아무튼 강릉은 이렇게 신라 문화권에서 나름의 문화를 유지하고 전승한 흔적이 남아있으면서 강릉 김씨, 강릉 최씨 등 세거족이 오랫동안 지역의 지배 세력으로 자리하였고 이들의 생활문화도 곳곳에 남게 되었다. 강릉단오제도 그러한 집안을 중심으로 벌인 놀이문화가 확장되고 유지되었다는 연구도 있다.

산신을 모시고, 이 신이 다시 여성황과 합일을 이루게 하는 풍습, 그리고 마을에 내려와 마을을 지키다 다시 본래의 자리로 돌아가는 의식은 인간적이면서도 사람들의 소박한 소망을 담고 있다. 이 첨단 시대에도 굿당에서는 무녀들이 소리를 하고 복을 빌며, 한바탕 흥을 돋운다. 그 흥을 함께 느끼며 자녀의 복, 평안을 비는 노인들의 손길은 우리 어머니들의 마음이다.

또 축제에 쓰일 술을 빚기 위해 집집마다 쌀을 내고, 그 쌀로 술을 빚어 함께 나누어 먹는 풍습이 오늘까지 전해오는 것

강릉단오제 영신행차

도 마을 공동체의 정신을 이어가는 것이다.

　강릉단오제는 코로나19로 축제를 제대로 열지 못하고 온라인 프로그램 중심으로 운영되면서도 이렇게 제례에 쓸 쌀을 모으고, 또 신주를 서로 나누어 먹는 풍습을 살려 지역의 끈끈한 정을 키웠다. 바로 옆집에 누가 사는지 알 바 아니고 알 수도 없는 도시에 살고 있지만 여럿이 즐기는 오랜 놀이 하나가 있어서 이렇게 서로를 다독인다는 것은 마음 따뜻한 일이다.

얼른 와.
니 마이
심들재?

진짜 강원도의 힘

대관령은 산속을 지나는 길이다. 구불구불 큰 산을 돌아가며 다른 세상으로 간다. 요즘은 산으로 굴을 뚫어 최대한 직선거리로 차로를 만들지만 예전에는 산을 에둘러가며 길을 내었다. 이 길은 어떻게 시작되었을까? 노루나 토끼 같은 짐승들이 먼저 다녔을 테고, 그 길에 사람들 발길이 닿으면서 넓어졌을 것이다. 자동차가 생기면서는 길이 더 곧게 펴지고 넓어졌다.

  빠른 길을 위해 뚫린 터널을 지날 때면 산의 몸속을 관통하는 것 같아 미안한 마음이 슬그머니 들 때가 있다. 거대한 숲을 품은 이 대관령도 사방 사람들의 길로 고단하지만 여전히 울울한 나무들이 시간을 익히고 있다. 이 묵묵한 산을 지나가는 것은 남의 영역을 무단으로 침범하는 일이다. 살금살금 지나야 한다.

요즘 숲에 대한 관심이 늘어나면서 여러 모양으로 사람들에게 이름 지어진다. 쓰임새도 조금씩 다르다. 대관령에는 대관령자연휴양림이 있으며 그 옆에는 대관령 '치유의 숲'이 함께 자리한다. 대관령자연휴양림은 국립 휴양림으로 1989년 2월 15일에 문을 열었는데 전국 최초로 개장했다고 한다. 1920년대 인공으로 씨를 뿌려 조성한 소나무가 성장하여 아름드리 숲을 이루고 있다. 숲이 깊으니 바위와 계곡도 많을 터, 이들이 어우러지면서 오랜 자연의 향기를 한껏 풍기는 곳이다.

전국에는 164개의 국공립 및 사립 휴양림이 있는데 그 가운데 강원도에는 29개의 휴양림이 있다. 전국적으로 볼 때 경상북도와 같은 수의 많은 숲이 휴양림으로 운영되고 있다. 정선 가리왕산, 인제 방태산, 삼척 검봉산, 춘천 용화산, 원주 치악산…. 지역 어느 곳이나 숲이 있다.

강원도의 휴양림, 강원도의 숲은 강원도의 진정한 힘이라고 생각한다. 강원도의 휴양림은 어느 곳이든 불문하고 예약이 어려울 만큼 인기가 있다. 캠핑 문화의 확산으로 인해 숲을 찾는 사람들은 더 많아지고 있기 때문이다.

깊은 숲은 깊은 고통을 안다

바다에 서면 막혀있던 마음을 활짝 열어주는 것 같은 개방감

강원도의 숲과 계곡

을 느낀다. 그런데 나는 산이 많은 지역에서 오래 산 탓인지 숲에 가면 나를 감싸 안아주는 것 같은 안온함과 함께 평정심을 찾게 된다. 강릉 바닷가에서 몇 년 살 때도 그랬다. 마음이 답답하면 바다에 가서 한참을 앉아있거나 모래사장을 걸으며 꼬인 매듭을 풀곤 했다. 그런데 심하게 힘들 때면 산에 가고 싶은 마음이 솟구쳤다. 지칠 때까지 산길을 걷고 싶었다. 내 몸이 완전히 풀어질 때까지 걷고 나면 몸은 고단해도 개운해지는 느낌, 완전히 해체되는 그 느낌을 갖고 싶을 때면 정동진으로 이어지는 산길인 바우길을 걷곤 했다.

아마도 자신이 성장해온 환경 탓일 게다. 나와는 달리 바닷가에 사는 친구들은 마음이 혼란스러울 때는 한밤중에도 바다에 휙 나갔다가 돌아오곤 하는 걸 보면 말이다. 아무튼 나는 높은 산이 아닌 숲이 울울한 곳을 좋아하고 그 안에 나있는 길을 걷는 것을 좋아한다. 콘크리트나 아스팔트가 덧씌워지지 않은 온전한 흙길, 군데군데 작은 식물들이 낮게 바닥에 깔려 있으며 길 양쪽으로는 나무가 호위하는 길, 때로는 계곡물이 흐르고, 가끔은 끝이 벼랑을 이루다 다시 나무들이 감싸주는 길, 그런 길을 걷다 보면 자연의 일부가 된 듯, 오롯한 내걸음에 마음을 다하며 나무와 바람, 흙의 기운을 느끼게 된다.

바쁜 일에 떠밀려 좌충우돌할 때면 숲이 그리워지고 휴양림에 가야겠다는 생각을 할 때가 많다. 예약하기가 녹록하지는 않지만 이곳저곳을 찾다가 간신히 숲의 허락을 받으면 간단한 먹을거리 - 예전에는 고기 구워 먹는 일체의 재료와 도구를 준비했지만 요즘은 번거롭지 않은 아주 간단한 식품만 챙긴다 - 를 가지고 숲에 간다.

특별히 하는 일도 없다. 주변을 어슬렁거리고 숲의 정기를 마음껏 마시는 일, 그리고 숲으로 난 길을 일정한 거리와 시간을 목표로 하여 걷는 일, 걷다가 사과 한 쪽, 떡 한 조각을 동행과 나누어 먹으며 나무나 돌 이야기를 하거나, 가끔은 사는 이야기를 하는 것, 그러고 나면 막혀있던 것이 조금 풀리고 지친 몸과 마음이 회복되는 것을 느낀다. 숲은 그렇게 온몸으로 느끼는 강원도다.

치유의 힘을 갖는 숲

긴 대관령을 넘기 전, 초입에 왼편으로 대관령박물관이 있다. 이 박물관은 제법 이름이 알려진 곳이다. 고미술을 수집하고 연구하던 홍귀숙 씨가 1993년 건립한 사설 박물관이었는데, 이후 2003년 강릉시에 아무 조건 없이 모두 기증하였고 재정비를 거쳐 다시 개관했다. 박물관에는 선사 유물부터 조선 시대를 아우르는 문화재들이 전시되고 있다. 나는 박물관 안의 전시물보다는 밖의 전경과 어우러진 전시물들이 더 좋다. 대관령을 배경으로 자리하고 있는 이 박물관은 고인돌 형상으로 지었다고 한다. 낮고 긴 모양의 건물이 자연과 잘 조화를 이룬다. 위압적이지 않고 크게 도드라지지 않는 박물관은 주변의 풍광과 하나가 된 듯하다. 박물관 주변을 산책하고, 유물들을 보고…. 이런 유유자적이 자연스레 이루어지는 공간이다.

박물관 방향으로 진입하면 대관령자연휴양림과는 다른 숲을 만난다. 대관령의 깊은 산림 가운데 일부를 '치유의 숲'으로 이름 지은 숲의 초입. 울울한 소나무 숲으로 이루어진 대관령 치유의 숲 224헥타르에는 사람들이 걷고 쉬고 명상할 수 있는 시설들이 있다. 사람을 품어 치유하는 곳이다. 대관령 휴양림, 옛길 등과 어우러지는 대관령의 일부이다.

이곳에는 눕거나 앉을 수 있는 평상, 명상치유움막, 전망대,

대관령박물관 전경

숲길 등이 조성되어 있고 태교 프로그램인 '사임당 숲 태교'를 비롯해 유아 및 가족·청소년·일반인 대상의 숲 놀이와 치유·명상 프로그램을 운영한다. 특히 직장인의 직업과 연관된 트라우마, 스트레스를 풀어주는 직장인 대상 맞춤교육이 인기가 높아 전국에서 사람들이 찾아온다.

금강송이 빽빽한 숲에서 느리게 걸으며 전망 좋은 곳에서 명상도 하고 숲의 소리와 향기를 한껏 즐기는 프로그램들은 방문객들에게 만족도가 매우 높다. 직장인들의 스트레스 해소를 돕기 위해 전국의 각종 기관과 협약하여 프로그램을 진행하고 있다. 몸과 마음이 아픈 사람들이 숲에서 받는 위로의 힘은 이런저런 임상 자료에도 나와 있지만 그런 증거에 앞서 숲에 있을 때 느끼는 내 몸이 그것을 증명한다.

물소리가 나는 계곡에 가만히 앉아있으면 잡념이 사라지고 시간을 잊는다. 누군가 옆에서 살짝 흔들거나 작은 소리를 내어 깨우지만 않는다면 자연스러운 명상은 언제까지 이어질지 알 수 없다.

이 고개를 넘을 때, 그리고 이 숲을 찾을 때면 꼭 만나야 하는 사람이 있다. 강릉 토박이로 숲이 일터이자, 쉼터인 김진숙 씨이다. 이곳의 운영을 책임지고 있는 센터장이다. 대관령 숲을 바라보고 그 숲에 깃들며 성장한 사람이다. 숲을 찾는 이들에게 발걸음을 이끌며 자분자분하니 나무와 물, 햇살까지도 안내하는 그를 보면 마치 숲의 정령인 듯하다.

강릉에서 생명의 숲과 인연을 맺고 숲 보호와 숲 해설, 환경 교육 등을 해온 그는 숲과 인연을 맺은 것이 20년 이상 된다고 한다. 그에게 숲은 자연스레 생명, 환경에 관한 관심을 불러일으켰고 사람들을 어루만지는 치유로 관심이 이어졌다. 2014년에 도내 처음으로 산림 치유 1급 지도사가 되었다.

2016년 8월, 대관령 치유의 숲이 조성되면서 그가 이사장으로 있던 산림치유협동조합이 이곳을 수탁하여 운영하기 시작했다. 전국의 치유의 숲은 한국산림복지진흥원이 운영하는데, 당시 한국산림복지진흥원이 막 생겨난 시기여서 직접 운영이 어려운 터라 민간에게 위탁했다고 한다. 대관령 치유의 숲은 현재는 한국산림복지진흥원이 운영하고 있지만 그는 이곳에서 계속 팀장으로, 센터장으로 일해오고 있다.

강릉 사람인데 말투가 강하지 않고 나직하다. 그 목소리만 들어도 무장 해제되는 듯한 기분이 들곤 한다.

"숲은 에너지를 주는 곳이에요. 숲에서 사람들과 어울려 프로그램을 하고 사람들이 즐거워하는 모습을 보면 저에게도 힘이 되곤 합니다. 숲을 안내할 때 행복감을 느껴요."

김진숙은 숲 이야기를 시작하면 늘 얼굴이 환하다. 숲이 갖는 치유의 힘은 더욱 많은 사람에게 다가가는 길이며, 그러기 위해서는 치유의 숲이 많아져야 한다고 강조한다. 그 말에 수긍하며 산이 많은 강원도가 사람을 치유하는 땅으로서 더욱 많은 역할을 해야 하지 않을까 하는 생각을 하게 된다.

산길을 걷는 사람들

코로나 시대를 지나오며 도시에 갇히고, 주택과 건물 속에 갇힌 사람들의 우울함이 늘고, 한쪽에서는 가정 폭력도 늘고 있다고 한다. 이런 시대에 적극적으로 숲을 열어 사람들을 품어야 한다는 김진숙 센터장의 숲 예찬은 언제 들어도 지루하지 않다.

숲으로 가보아라. "얼른 와. 니 마이 심들재?" 숲이 이렇게 말할 거다.

화전민이 일구어낸
명품 산마을,
안반데기

하늘 아래 첫 땅, 척박한 대지의 사람들

안반데기. 이름도 참 특이하다. 조그마한 흰 감자꽃이 뒤덮은 넓은 비탈, 배추가 꽃처럼 활짝 피어 천상의 화원 같은 곳. 게다가 요즘은 별 보기 좋은 곳으로도 꼽힌다. 각종 매체에 예쁜 사진과 함께 강원도 여행 명소로 소개되고 있는 곳. 대관령에 자리한 마을이다.

강릉과 평창의 경계에 있는 안반데기는 지리적으로는 강릉시 왕산면 대기리다. 하지만 고랭지 배추 하면 평창이 연상되고 서울이나 춘천 등지에서 안반데기를 가려면 평창을 거치기 때문에 정서적으로는 평창으로 인식되어 사람들이 종종 헷갈리는 곳이다. 강릉 지역민이 들으면 불쾌한 일이지만.

안반데기는 해발 1,200미터에 있는 고산 마을이다. 예전에는 떡을 만들 때 쌀을 쪄서 안반에 놓고 떡메로 쳤는데 마을 모양이 마치 이 안반처럼 우묵하고도 널찍한 언덕 같다 하여 붙여진 이름이라고 한다. '안반덕'의 강릉 사투리다. 이곳은 산비탈에 우묵한 지형을 이루고 있어 사람들이 삶을 풀어놓고 이어갈 수 있었을 것이다. 강원도에는 이런 산속 마을이 많다. 어떻게 이런 곳에 사람들이 살고 있을까 의아심이 들 만큼 산언덕 또는 산으로 한참을 들어간 골짜기 마을들, 그런 마을에서 살아가는 사람들을 보면 삶은 참 질기고 집요하다는 생각을 하게 된다. 더불어 골짜기마다 사람들을 품어주는 산의 힘이 무한하다는 생각도 자연스레 이어진다. 어디든 땅을 파헤쳐 살아가게 하는 근원의 힘을 느끼게 한다.

자연이 품어주어 가능한 일이지만 한없이 척박해 보이는 땅에서 살아가는 사람들, 그들이 그저 존재하는 것만으로도 무한히 존경스럽고 삶을 소중하게 생각해야 한다는 마음이 절로 우러나온다. 일상이 힘들고, 삶에 의욕이 없는 사람들은 이런 마을에서 며칠쯤 살다 보면 저절로 생의 욕구가 솟아나고 지금의 자신에 감사하게 될 것이 틀림없다.

백두대간을 넘어가는 고개, 하늘 아래 첫 동네라고 불릴 만큼 높은 이곳은 워낙 깊은 곳에 있기 때문에 6·25전쟁 때는 전쟁을 피할 수 있었던 곳이었고 산을 개간해 근근이 살아가는 가난한 동네였다. 대기리는 큰 터라는 의미라고 하는데 작은 마을이었던 이곳이 이토록 사람들에게 널리 알려지게 된 것은 치열하게 살아온 화전민들의 땀과 눈물이 있었기 때문이다.

농지가 적고 산이 많은 강원도에서는 산에다 불을 놓아 잡목을 정리하고 그곳에서 농사를 짓는 화전이 1960년대까지 성행했다. 거칠기만 한 산속의 농사는 수확도 풍요롭지 않았지만 이렇게 농사를 지었고 또 한곳에서 오래하기에는 땅이 너무 척박하여 옮겨 다니며 농사를 지었다. 산의 나무를 연료로 하고, 또 불을 놓아 농사를 지으니 산은 점점 황폐해지고 홍수라도 나면 그 폐해가 말이 아니었다.

그 때문에 1960년대 중반 우리나라에서는 전국적으로 대대적인 화전 정리 작업이 이루어졌다. 화전 정리 작업이 본격 추진될 당시 현재 춘천시에 속하는 옛 춘성군 북산면장이었던 송종열 어르신이 내게 전해주신 이야기로는 '박정희 대통령이 비행기로 일본을 가다가 아래를 내려다보니 산이 온통 헐벗어 있어서 이래서는 안 되겠구나, 하여 본격적인 화전 금지와 녹화사업을 했다'고 한다. 이 이야기가 꼭 맞는 것은 아니지만 그분은 당시 강원도지사가 대통령을 만나고 와서 본격적인 화전 정리와 녹화사업 지시가 있어서 한겨울에도 나무를 심었다고 하셨다.

이 어르신은 북산면장으로 오래 근무하셔서 소양강댐 수몰과 관련하여 인터뷰를 한 적이 있는데 소양강댐 수몰민 이주 이전에 화전민 이주를 추진하던 이야기를 들려주신 것이다. 주민들이 살 만한 곳으로 집단 이주 정책이 이루어졌고, 춘천 지역에서는 경기도 지역으로 이주가 많았다고 한다.

대관령 산중에도 화전민이 많았을 것이고 이 화전민들이 이곳 대기리로 이주해 살게 된 것이다. 강릉 왕산면과 평창군 도암면에 걸쳐 있는 고루포기산 능선인 안반데기에 들어온 화전민들은 땅을 개간하여 감자, 약초 등을 심기 시작했다. 정부가 1965년부터 이곳의 국유지를 개간하도록 허가하였고 주민들은 거친 땅을 농지로 바꾸어놓았다.

산 높고 비탈진 땅을 일구는 데 얼마나 많은 땀과 눈물을 흘렸을까? 짐작하기 어렵지만 억척스러움으로 대기리 사람들은 전국 최대 규모의 고랭지 채소 단지를 만들어냈다. 그리고 사람들도 늘어나 3개 이⁰였던 마을은 4개 이가 되었고 개간한 농지는 경작자들에게 불하(국가 또는 공공 단체의 재산을 개인

대관령 안반데기

에게 팔아넘기는 것)되었다. 심한 경사지여서 기계를 사용할 수 없는 땅, 그야말로 돌밭을 일구어 전국에서 최상급 고랭지 배추 생산지라는 명성을 일구어낸 것이다.

도시민이 찾아들며 생긴 후유증

대기리에는 감자 원종장이 있어서 우리나라 씨감자 공급량의 25퍼센트를 생산하는 지역이다. 또 각종 고산식물과 야생화가 계절에 따라 피는 곳으로 감자와 배추가 한창인 계절이면 이 모습을 보기 위해 사람들이 찾아오고, 하늘과 마주하고 있어서 별을 보러 오는 관광객도 몰리고 있다. 산비탈이 초록으로 일렁이는 장관은 사진과 그림으로도 종종 재현되며 사람들의 호기심을 높인다. 그러다 보니 오지 마을 대기리의 안반데기는 어느새 관광 명소가 되어 도심에서 벗어나고 싶은 사람들이 꾸역꾸역 발걸음하는 곳이 되었다.

마을에서는 폐교된 학교를 이용하여 산촌체험학교와 캠핑장을 운영하는 등 관광객 유치에 적극 나서고 있지만, 시도 때도 없이 몰려드는 관광객과 산 중턱까지 끌고 올라오는 자동차로 인해 마을은 몸살을 앓고 있기도 하다.

산속의 숨어있던 마을이 그 품을 열어놓은 값을 톡톡히 하고 있는 모양을 보면 마음이 답답해진다. 도시 생활에 지친 이들이 어디든 한적한 곳을 찾아가는 것을 탓할 수는 없지만 시장 구경을 하듯 우르르 몰려다니고 사람들이 살아가는 생활의 현장을 단순한 호기심으로 이리저리 들여다보는 관광 말고는 대안이 없는 걸까?

　도시민들의 여행 방식을 바꾸어야 하지 않을까 싶다. 명소를 찾아 짧게 둘러보고 맛집을 찾는 것만으로는 여행의 진정한 의미를 찾기가 어렵다. 낯선 지역을 찾아 그곳을 천천히 둘러보고 꼭 무엇을 하려고 하지 말고 있는 그대로 돌아보기, 특히 삶의 현장을 찾아갈 때는 그곳이 터전인 사람들의 삶도 함께 느끼려고 하는 공정여행이 절실해진다. 그런 여행이 타자의 시선으로 여행지를 바라보는 것을 넘어서서 나와 다른 삶을 보며 새로운 나를 찾는 방법이 될 것이다.

　지역의 경제 활성화를 위해 관광객 유치에 심혈을 기울이는 마을이 많아지고 있지만 그 득과 실을 따져보면 좀 우울해진다. 안반데기뿐 아니라 여행 명소가 되어버린 강원도의 마을들이 갖는 갈등과 불편을 넘어 공존의 여행이 되어 서로에게 즐거움이 되었으면 좋겠다.

예술로 빛나는
'해피 700'

도시화의 편리와 산마을의 푸근함 사이

강릉에서 아흔아홉 굽잇길이라고 하는 옛 대관령을 넘거나, 영동고속도로를 지나면 강릉 지역과 잇닿은 평창을 만난다. 산길을 넘다가 마을을 만나니 반갑다. 빙글빙글 산을 휘감아 도는 곡예가 드디어 끝났다는 안도감과 함께 사람 사는 곳을 만난 기쁨이 솟는다. 사람 사는 곳을 떠나보아야 사람 속에 부대끼며 사는 것이 어떤 의미인지 알게 되나 보다. 누구라도 반겨줄 것 같은 기분으로 서서히 인가 깊숙이 들어간다. 작은 카페에서 차라도 한잔 마시며 사람의 온기를 느껴보고 싶기 때문이다.

평창의 슬로건은 '해피 700'이다. 이것이 무슨 뜻인지 금방 이해하기 어렵다. 하지만 설명을 들으면 '그렇구나!' 이해가 가기는 한다. 해발 700미터의 동네, 이 고도가 사람이 살기에 가장 적합한 기압 상태를 유지하며 생체 리듬에 좋은 위치라는 것이다. 동식물의 생육에도 좋은 환경이라는 자치단체의 홍보는 이곳에 고랭지 배추, 목장 등이 즐비한 모습을 보며 고개를 끄덕이게 한다.

농축산물이 풍성한 곳이라는 이미지 외에도 평창은 대관령 밑에 자리하며 곳곳에 리조트, 펜션 등이 즐비하게 들어서 있는 휴양지, 그중에서도 스키장이 있는 겨울 레저 명소다.

2018년 동계올림픽이 열리면서 인구 4만여 명의 평창군에 세계의 시선이 쏠렸다. 오래전부터 생활 도구의 하나로 스키를 사용해온 스키의 고장인 이곳이 동계올림픽으로 인해 겨울 스포츠의 메카가 되면서 마을들은 옛 모습을 털어내고 크게 변모했다. 산지에 간간이 들어서 있던 휴양 시설이 급증했고 곳곳에 카페, 음식점이 즐비한 평창은 예전 모습을 기억하는 이들에게는 낯설다. 도시의 모습을 한 건축물들은 무언가 급조한 듯하고 오랜 친근함을 잃었다.

이런 감상은 이곳에서 살아가는 사람들에게는 값싼 향수일 뿐 지역에는 아무 도움이 안 된다는 핀잔을 듣기 십상이다. 하지만 예전 구불구불하여 멀미가 나는 길로 버스를 타고 횡계, 진부 등지를 다녔던 사람들에게는 지금의 모습이 생경하고 실제 사람들의 삶은 크게 달라지지 않았는데 외양만 화려해진 것은 아닌지 의심하게 된다.

도시화가 주는 편리와 산마을의 푸근함, 새로운 것의 활기와 오래된 것의 익숙함이 충돌하고 있는 강원도의 모습을 대표하는 곳이 아닐까 싶다.

대관령 음악제의 꿈

예전에는 스키장이 있는 리조트에 가느라 아주 드물게 평창에 갔지만 요 몇 년 사이에는 2018년 올림픽과 연관된 문화행사를 보러 꽤 자주 찾곤 했다. 그중에서도 매년 이곳에서 열리는 대관령 음악제는 빠지지 않고 간다.

대관령 음악제는 미국 콜로라도주 애스펀에서 열리는 애스펀 음악제를 모델로 삼아 세계적인 음악제를 만들어보겠다는 강원도의 야심으로 탄생한 음악 축제이다. 평창올림픽을 열기 이전부터 동계올림픽이 열리는 평창의 문화적 이미지를 높이기 위해 준비한 것이다. 대관령 음악제는 2004년 줄리아드 음대의 강효 교수를 음악감독으로 모시고 '자연의 영감'을 주제로 처음 열렸다. 평창 고원의 시원한 여름 바람 속에서 매년 7, 8월에 열리는 대관령 음악제는 국내 최고의 연주가와 해외 저명 연주가들이 참여하여 명품 연주와 마스터클래스를 연다.

서울의 유명 공연장이 아닌 평창의 산속에서 열리는 음악회, 무슨 비밀이 있는 듯한, 아니면 특별한 사람만 가는 듯, 도도함으로 시작된 이 음악회는 회를 거듭하면서 명성을 더하고 있다. 더불어 낯선 음악회에 당혹스러워하던 주민들에게 다가가 음악으로 교감한다. 작은 학교, 성당 등을 찾아다니며 지역 주민들에게 클래식 음악의 매력을 알려주는 노력을 꾸준히 해왔다. 요즘은 여름과 겨울 두 번의 메인 행사를 열고 '강원의

평창 알펜시아 뮤직 텐트

'사계'라는 테마로도 연주회를 여는 등 평창뿐만 아니라 강원도 곳곳에서 클래식 음악의 저변화를 위해 애쓰고 있다.

이 행사의 베이스캠프가 대관령, 평창이다. 동계올림픽 준비를 위해 강원도가 건립한 알펜시아리조트에는 음악제를 위한 실내 연주 홀과 뮤직 텐트가 있다. 주 개최지인 알펜시아리조트에 들어서면 큰 텐트가 눈에 확 들어온다. 음악회가 열리는 뮤직 텐트인데 누가 뭐래도 이곳의 랜드마크이다. 흰색의 텐트는 스피커 모양 같은데 여성의 드레스 자락처럼 우아한 분위기를 만들고 있다.

좋은 음악을 듣기 위해 각지에서 사람들이 모여들고 음악에 대한 깊은 이해가 없어도 그 분위기에 빠져들고, 연주자들의 모습만 보아도 그들이 최선을 다하고 있으며 그 분위기를 즐긴다는 것이 마음으로 전해지는 행사이다. 그래서 이 음악회를 갈 때면 적지 않은 비용을 들여 숙소를 예약하여 길게 머문다. 또 사정이 여의치 않으면 깊은 밤 길을 달려 되돌아와야 하지만 기꺼이 그 수고를 감수하면서 한껏 정장 분위기를 내고 평창으로 달려간다. 평창의 자연이 있기에 가능한 음악회이다.

평창을 연상시키는 여러 가지 키워드 가운데 대관령 음악제가 있고, 그 음악제는 평창의 품격을 올리는 데 큰 몫을 하고 있다.

'메밀꽃 필 무렵' 찾아가는 곳

평창 하면 떠오르는 이미지 가운데 메밀을 빼놓을 수 없다. 그 이미지에 크게 기여한 것이 이효석의 단편 소설 〈메밀꽃 필 무렵〉이다. 강원도의 장마당을 찾아 이곳저곳을 떠도는 허 생원, 그가 봉평장에 가는 길, 그곳에 펼쳐지는 메밀밭 풍경 속에서 함께하는 인물 동이와 벌어지는 묘한 긴장…. 그 분위기를 마치 한 폭의 그림을 보듯 그려낸 소설은 고등학교 교과서에 실려 있어서 전 국민이 안다고 해도 틀리지 않을 만큼 인지도가 높다.

그만큼 평창의 봉평장과 메밀은 사람들에게 서정적으로 다가온다. 그래서 "소금을 뿌려놓은 듯한 하얀 메밀꽃"에 대한 상상을 갖고 평창을 찾는다. 여름날 밤 산골 길, 달빛을 받아 하얗게 빛나는 메밀꽃의 풍경, 고향이 평창인 이효석은 산간지대 여기저기 아무렇게나 자란 메밀의 모습을 감성 가득한 풍경으로 묘사했다.

사실 이효석(1907~1942)은 고향이 평창이지만 도회적인 사람이다. 평창에서 태어나고 평창공립보통학교를 졸업했고 이후 서울에 가서 경성제일고보와 경성제대를 나와 줄곧 서울에서 생활하며 숭실전문학교와 대동공업전문학교 교수를 역임했다. 지식인이며 문인으로 살았던 그는 낭만주의 문학에 영향을 받았다고 하는데 그의 수필 〈낙엽을 태우며〉에서 낙엽 타는 냄새를 커피 향에 비유하는 것이나 라이프스타일에서 서구문화를 동경한 흔적이 꽤 많다.

쇼팽과 모차르트를 좋아하고 직접 피아노 연주를 하고 우유, 버터, 수프 등 서양 음식을 좋아하고 커피를 유난히 사랑했던 이효석, 서구문화에 흠뻑 빠져있던 그가 〈메밀꽃 필 무렵〉에서 산골 마을을 서정적으로 그려낸 것은 의외로 느껴지기도 하지만, 삶의 낭만과 예술성을 추구하던 그의 정서가 고향의 풍경을 자신만의 감성으로 재탄생시켰기 때문에 이토록 오래 사람들의 마음에 새겨지는 것이 아닐까 싶다. 잘 정제된 언어와 한 폭의 그림을 보듯, 영화를 보듯, 압축과 은유가 조화되어 있는 글로 표현해낸 시골의 정경이 도시민의 감성에 잘 스며들게 되었을 것이다.

소설가 김유정이 그의 고향 춘천 실레마을 주민들의 삶을 관찰하여 섬세하고 유머러스하게 표현해낸 것과는 사뭇 다른 이효석의 평창 풍경 서사는 깔끔한 맛이 느껴지는데 그가 삶에서 추구했던 모습과 다르지 않다. 고향 마을에 대한 아련한 향수와 함께 원거리 관찰자 시선으로 그려낸 봉평 풍경, 그래서 지금까지 이어지며 현대인의 마음을 설레게 하는 게 아닐까 추정해본다.

어찌 되었거나 이효석이 고향 봉평을 아릿하게 그려냄으로써 평창 봉평은 메밀의 고장으로서 명성이 더욱 쌓였고, 더불어 이효석문학관이 생기고 메밀꽃 축제도 만들었다. 이효석의 향기를 더듬으며 메밀꽃 속에서 한 폭의 그림이 되고 싶은 사람들의 발길이 이어지는 봉평마을은 메밀꽃밭을 대규모로 조성하고 사람들을 맞이한다. 메밀꽃이 활짝 피는 늦여름이 제철이다. 메밀꽃 사잇길을 걸어보고 사진도 찍는 모습은 지역민의 일상과는 동떨어진다. 타자가 봉평을 기억하는 방식이다. 더불어 명성을 얻은 봉평장도 예전의 그 장날 풍경을 만날 수는 없지만 오랜 시간이 쌓인 시골 장터로서 여전히 주민들의 소통 공간이다. 또 어쩌다 메밀의 향기를 찾아 도시에서 찾아온 사람들에게 잔잔한 감동과 특별함을 주는 곳이다.

봉평 메밀밭

봉평시장 부근을 천천히 걷다 보면 이효석의 호를 딴 가산 공원을 만나고, '이효석길'로 이름 지은 길을 따라 내를 건너면 메밀꽃밭에 닿는다. 그 길은 다시 이효석문학관, 이효석 생가로 이어진다. 효석달빛언덕도 관광지로 조성되어 있다. 봉평은 이효석을 빼면 이야깃거리가 없는, 온통 그를 기억하는 공간이 되어있다. 한 사람의 지역 출신 작가가 고향을 돋보이게 하고 있지만 좀 더 깊이 들어가 보면 주민들의 일상과는 분리되어 구경거리가 되는 모습, 온통 관광객 맞이에 전전긍긍하는 모습은 마냥 아름다워 보이지만은 않는다. 과함은 모자람만 못하다고 했던가.

산비탈에서
부르는 노래

아리랑의 기원을 찾아서

백두대간 등성이가 이어지는 아랫녘에 넓게 자리한 마을인 평창, 정선. 여기를 보아도 저기를 보아도 산이지만 완만한 산비탈에 초원이 있고 그 초원 지대에 양과 소를 기르는 목장들이 있어서 여유로운 전원 풍경이 펼쳐진다.

하지만 오랜 삶을 이어온 주민들에게는 이곳이 풍요로운 삶터는 아니었다. 감자, 옥수수 등의 밭작물, 그리고 산나물이 사람들을 먹여 살린 시절이 있었다. 청옥산의 곤드레, 취나물, 고사리 등 산채는 이 지역뿐 아니라 강원도 산간 지역민들에게 중요한 식량이었다. 평창, 정선 등지에서 화전으로 일군 밭의 곡식과 산나물을 뜯어서 근근이 먹고살던 사람들의 흔적은 노래로 남아있다. 아리랑이다.

대관령을 기점으로 평창과 정선, 그리고 영동 지역에서는 '아리랑'보다는 '아라리'로 부른다. 평창아라리와 정선아라리는 유사한 가락인데, 평창 사람들은 이 아라리가 성마령을 넘어서 정선으로 이어갔다고 생각한다. 성마령은 정선과 평창을 이어주는 유일한 옛길이었다. 지금이야 행정구역을 구분하여 금을 긋지만 산을 사이에 두고 이웃한 마을은 여러 가지로 문화를 공유할 수밖에 없다. 성마령은 아라리에도 등장한다. 정선으로 가려면 평창을 지나 이 고개를 넘어야 했기 때문에 한이 서리는 고개였고, 반대로 정선에서 평창으로 가는 일은 더 넓은 세상으로 나아가는 길이었다고 한다. 정선아라리에는 평창 지역의 지명이 섞여 있기도 하고 여러 가지 정황으로 미루어 하나의 문화권에서 노래가 만들어진 것이 아닐까 유추하게 되지만 자기 지역의 문화 우수성을 강조하는 사람들은 이런저런 단편적인 사례로 평창아라리가 먼저라는 주장을 놓지 않는다.

정선아라리에 대한 기원설도 논란이 있지만 기억해 두어서 나쁠 것이 없다. 사람들이 왜 이런 믿음을 갖게 되었는지, 그리고 어떤 배경이 이러한 추론을 만들었는지 의미를 곱씹어 볼 수 있으니 말이다. 정선아라리의 연원은 고려 시대로 거슬러 가는데 노랫가락으로 이를 입증한다.

눈이 올라나 비가 올라나 억수장마 질라나
만수산 검은 구름이 막 모여든다. (…)

'정선아리랑' 하면 가장 먼저 떠올리는 노랫말, 이 노랫말에 등장하는 만수산은 고려의 수도였던 개성에 있는 산, 그리고 검은 구름이 모여든다는 것은 고려 왕조의 멸망을 뜻한다는 것이 정선아리랑을 연구하는 사람들의 주장이다.

대략의 사연은 이렇다. 고려가 망하고 조선이 건립되는 시기, 고려의 충신들은 두 임금을 섬길 수 없다며 72명이 송도(개성)의 두문동에 들어갔다. 그리고 그들은 다시 뿔뿔이 흩어지는데 그중 정선이 본관으로 대제학 등을 지낸 전오륜을 비롯한 7명의 신하가 정선 땅 낙동리로 들어왔다. 그곳은 지금의 남면 거칠현동居七賢洞. 이곳에는 아리랑의 발상지라는 표석도 있고 칠현비도 세워져 있다.

고려 시대 정선의 지명은 도원桃源이었다고 하는데, 아리랑의 원류로 보는 〈도원가곡〉이 전해지면서 이러한 설화는 이 지역의 믿음이 되어왔다. 〈도원가곡〉의 역사나 칠현의 존재가 명백한 기록으로 입증된 것은 아니다. 하지만 거칠현동, 중국의 백이숙제를 상징하는 백이산 등 이 지역에는 이 설화를 뒷받침하는 지명들이 존재한다.

어쩌면 이 마을이 그런 충신들의 고장이었으면 하는 사람들의 소망이 담겨 이름 지어졌을지도 모른다. 또 정선이 깊은 산중이어서 세상이 바뀌어 화를 입을 처지에 놓인 사람들이 숨어 살기 적당한 마을이라는 상징일 수도 있다.

역사적 사실이야 어찌 되었든지 노래는 남아있고, 그 노래를 부른 사람들이 고려의 멸망과 충절에 대한 마음을 새긴 것

정선아리랑의 배경인 아우라지. 아우라지는 2개의 물길(골지천과 송천)이 어우러지는 곳이다.

만은 증명이 되는 것이다. 정선아리랑 연구가인 진용선은 그래서 국가의 흥망과 연관된 역사보다는 정선의 산과 강이 만들어낸 지역민의 소리에 더 방점을 둔다. 오랜 시간 동안 지역민들이 삶의 다양한 이야기를 노랫가락에 담아 기쁨과 슬픔을 풀어냈고 그 노래는 사람들의 공감을 얻으며 여러 가지 환경을 만나 온 나라로, 세계로 퍼져나갔다는 것이다.

아리랑은 여러 종류가 있다. 가장 대중적으로 알려진 "아리랑 아리랑 아라리요, 아리랑 고개로 넘어간다"를 후렴으로 하는 아리랑 외에 정선아리랑, 진도아리랑, 밀양아리랑 등의 지역 아리랑이 있다. 이 가운데 정선아리랑이 긴 연원을 자랑하며 전국으로 확산되었다는 것이 정선 지역의 자부심이다.

강원도에도 지역마다 여러 아리랑이 있는데 각각 부르는 이름이 조금씩 다르다. 정선아라리, 평창아라리, 태백아라레이, 횡성어러리, 인제 뗏목아라리, 강릉아라리 등으로 불린다. 아리랑 대신 아라리로 부르는 곳이 많으며 리듬의 장단 고저에 따라 긴 아라리, 엮음 아라리, 자진 아라리 등으로 구분한다.

아리랑이 어떻게 퍼졌는가에 대해서도 여러 가지 설이 있지만, 정선아리랑이 서울·경기 지역 소리꾼들에 의해 긴 아리랑으로 편곡되고, 그것을 다시 편곡하여 우리가 부르는 아리랑으로 탄생했다는 설이 강하다. 또 이 시기가 나운규가 1926년 영화 〈아리랑〉을 제작하며 삽입곡으로 쓸 때라는 것이다.

무엇보다 1867년 조선 고종 때 경복궁 중수가 동기가 되었다는 것이 가장 탄탄한 아리랑 확장의 배경이다. 경복궁 중수는 대원군이 국가의 위엄을 높이기 위해 추진한 사업인데 그 이름과 달리 강제로 시행해 원성이 컸다는 원납전願納錢을 거둬들이고 전국에서 일꾼을 징집했다. 또 강원도의 나무들이 뗏목으로 운반되어 궁궐 건축에 쓰였다.

정선 아우라지 상류인 태백산, 황병산, 노추산 등지의 소나무가 그 재목으로 쓰였다고 한다. 아우라지에서 출발하여 영월 동강을 거치며 남한강 물줄기를 따라 뗏목이 운반되었고, 그것을 운반하는 떼꾼들은 고단함을 잊기 위해 아리랑을 불렀다.

산이 많은 강원도는 오랫동안 건축 재목의 원산지였다. 고종 시기뿐 아니라 그 이전에도 나무들은 서울로 운송되었다. 조건 건국 초기에도 궁궐 건축에 강원도의 나무가 쓰였는데 설악산을 끼고 있는 인제 지역의 나무가 주로 운송되었다. 그래서 강원도의 산에서 자라는 나무들은 국가의 건축에 쓰기 위해 특별 관리를 하곤 했는데, 궁궐 건축과 왕의 관으로 쓰는 황장목(금강송)은 함부로 벌목되는 것을 막기 위해 '황장금표黃腸禁標'라는 표식을 했는데, 원주 치악산의 황장금표는 지방기념물 30호로 지정, 기념하고 있다. 이 금표는 함부로 황장목의 벌목을 금한다는 글을 돌에 새긴 것으로 인제, 영월, 정선, 화천, 삼척 등 여러 지역에 흔적이 남아있다.

인제의 나무들은 또 다른 물길인 소양강을 타고 한강까지 운송되었다. 뗏목은 한양으로 운송되는 강원도의 주요 물자였다. 인제에서 잘라낸 나무들을 인제 합강으로 모으고 이것을 다시 떼로 만들어 강에 띄웠다. 뗏목의 운송은 춘천까지 이어지고 여기서 다시 큰 덩어리로 묶어서 서울로 갔다. 인제에서 춘천까지 하루, 그리고 춘천에서 다시 한양까지 보름, 이 물길을 따라 떼를 운송하는 뗏꾼들도 아라리를 불렀다. 이들의 노래에는 물살 센 여울의 이름, 강과 나루의 이름들이 나온다. 또 사이사이 주막의 풍경이 연상되는 단어들이 등장한다.

강원도 산골 전반에 퍼져있는 아리랑은 삶의 희로애락을 담고 있다. 강원도 사람들이 살아온 솔직한 이야기이다. 삶의 고단함 속에서 거친 성적 농담이나 시어머니 흉보기 등 뒷담화가 담긴 노랫가락은 입에서 입으로 전해오며 서러움과 갈등을 풀어내고 다시 나아가는 희망가가 아니었을까? 이들이 아리랑을 부르며 흥을 돋우던 도구도 특별할 것 없는 일상용품이다. 물동이에 바가지를 얹어놓고 두드리며 노래하기도 하고, 지게를 지고 가다가 지게막대를 두드리며 부른다. 놀이요이자 노동요이다. 산비탈에서 밭을 갈고, 짐을 실어 나르는 노래는 나직하고 느리다. 때로는 처량하게 들리고 노골적인 성적 표현과 비난이 담긴다. 삶의 고단함을 이렇게 해서라도 풀고 싶은 욕구를 담고 있다.

정선 읍내 물레방아는 사시장철 물살을 안고 빙글뱅글 도는데
우리 집의 서방님은 날 안고 돌 줄 모르나

호랑 계모 어린 신랑 날 가라고 하네
삼베 질삼 못한다고 날 가라고 하네

가사는 끊임없이 변용된다. 시어머니 흉도 보고, 처녀·총각의 이루지 못한 사랑을 안타까워하기도 한다. 노래 부르는 이의 마음을 담는다. 그리고 시간의 흐름에 따라 탄생하는 노랫

가락은 사람들의 이동에 따라 사방으로 흩어지며 한국인의 노래가 되었다.

아리랑을 일찌감치 지역의 문화 자산으로 키워온 정선에는 아리랑박물관이 있고, 음악과 극을 만들어 활발히 공연하며 관광상품으로 활용하고 있다. 뮤지컬 〈아리 아라리〉를 매월 정선 오일장과 때를 맞추어 아리랑센터에서 상설 공연을 하고 있으며, 군립 아리랑예술단을 조직해 각종 문화행사에서 정선아리랑을 알리고 있다.

어디 이뿐인가. 강원도 전 지역에서 아리랑을 소재로 하는 예술 작품들이 끊임없이 탄생한다. 강원도의 오래된 극단 '혼성'은 정선아리랑을 극단의 단골 레퍼토리로 무대에 올리기도 했다. 정선아리랑은 강원도의 색깔을 잘 드러내는 문화이고 강원 도민의 굴곡진 삶의 소리이다. 정선 장날(2·7일), 정선에 가면 흥겨운 이야기로 업그레이드된 정선아리랑을 만날 수 있다.

한계령의
흐린 풍경

백두대간 고갯길들

강원도에는 고개가 무수히 많다. 온통 산으로 이루어진 지형, 그래서 산과 연관된 이야기도 많다. 지역의 경계가 대부분 산으로 구분되고, 또 다른 곳으로 이동할 때면 산의 낮은 곳, 고개를 넘어야 한다. 작은 마을과 마을의 길도 대부분 고갯길이다. 그래서 옛길을 걷다 보면 꼭 고개를 넘게 되고 그곳에서 사람들의 마음을 담은 흔적들을 만나곤 한다. 성황당과 성황목이 지키고 있고 마을 어귀에는 또 장승들이 있다.

장승은 이정표 구실을 하지만 낯선 이로부터 마을을 보호하는 수호신이 되어준다. 마을 제사, 동제洞祭를 지낼 때면 장승을 새로 깎아 세우기도 하는데, 마을을 지켜주는 신으로 여기는 옛사람들의 풍습인 것이다. 그런가 하면 바닷가에서는 높이 날아 멀리 볼 수 있는 기러기를 마을에 세운다. 솟대다. 강릉 강문에는 이 솟대가 남아있다. 기러기를 깎아 세우는 것은 마을을 지키고 하늘과 잇닿은 꿈을 꾸는 것이다. 모두 삶의 불안함을 달랠 대상이 필요하여 생긴 것이다.

홀로 숲이 우거진 산속 고개를 넘어야 할 때면 온갖 잡생각과 더불어 슬금슬금 무서움이 등줄기를 타고 올라온다. 바스락거리는 소리만 들려도 주저앉고 싶을 만큼 무서움이 솟구치면서 발걸음이 떼어지지 않는다. 게다가 해가 지고 있거나 이미 밤이 엄습했을 때는 그 두려움이 극에 달한다. 이 두려움에서 벗어나려면 나를 지켜줄 존재, 힘이 센 대상에게 의탁해야 한다. 성황당과 성황목이 마을의 고개나 어귀에 존재하는 이유일 것이다.

강원도의 영동과 영서를 구분하는 백두대간을 넘어가는 주요 고갯길로는 대관령 외에 진부령, 미시령, 한계령 등이 있다. 진부령은 강원도의 가장 위쪽 바다인 고성 방면으로 향하고, 미시령은 설악산을 지나 속초로, 그리고 한계령은 오색을 지나 양양으로 이어진다. 이들 도로 가운데 한계령이 사람들에게 가장 많이 알려진 길이다.

한계령 하면 설악산이 자연스레 연상된다. 미시령도 설악산을 넘는 길이지만 험하기 때문에 특히 겨울이면 늘 길이 막히곤 했다. 요즘에는 터널을 이용한 길이 새로 나면서 높은 고개를 오르는 수고는 덜어졌지만 길을 지나는 맛은 한계령이 더 낫다.

미시령보다는 덜 깊은 산을 지나는 한계령에서는 산 풍경에 자주 눈길을 빼앗기곤 한다. 그리고 양희은의 노래 〈한계

한계령 가는 길

령)도 이 길에서는 슬그머니 떠올라 나직이 읊조리게 된다.
'저 산은 내게 우지 마라, 우지 마라 하고….'

높은 산에 올라 바람과 구름을 보고 또 산 아래 마을을 보며 삶의 고단함을 털고 다시 살아가는 힘을 얻도록 북돋우는 노랫말은 가수의 여유로운 목소리와 조화를 이루며 위로를 전하곤 한다. 그러면서 다시 사람 사는 곳으로 가라고 힘을 주는 듯하다.

흐린 날의 한계령

이 노래를 알기 이전부터도 한계령은 늘 바람 거세고 설악 산세가 압도하여 마음에 깊은 울림을 주는 고개였다. 춘천에서 양양이나 속초를 가려면 꼭 넘어야 하는 곳이었는데 고개를 넘을 때마다 가슴이 두근거렸다. 나에게는 한계령을 넘는 일은 늘 새로운 세상을 만나는 일로 느껴지곤 했다.

이 고개만 넘으면 낯선 바다를 만난다는 것에 설렜기 때문이다. 새로운 것은 늘 도전의 끝자락에서 만나게 된다. 길은 구불구불 산을 휘돌아간다. 버스를 타고 가면 으레 멀미가 났다. 또 자가용을 운전하며 가려면 어깨에 바짝 힘을 주고 저속 운전을 해야 한다. 90도 정도의 각도는 다반사이고 거의 180도에 준하는 굴곡을 오르고 내려가다 보면 찔끔찔끔 차선을 밟는다. 그러다 마주 오는 차를 만나기라도 하면 화들짝 놀라 핸들을 황급히 꺾는다. 오로지 차의 각도에만 온 신경이 몰린다.

내가 살고 있는 춘천에서부터 시작하는 이 길은 제법 긴 여정이어서 힘겹지만 44번 국도를 올라타는 순간부터 약속된 바다가 그 고단함을 풀어주곤 했다.

2006년 미시령도 터널이 새로 열렸고, 2017년 서울-양양 고속도로가 완공되면서 이 고개를 넘을 일이 드물어졌지만 강원도의 산길을 제대로 느끼려면 한계령을 넘어야 한다. 그래서 나는 급한 볼일이 있는 게 아니면 44번 국도를 따라가며 설악산을 눈에 담기 위해 한계령을 넘곤 한다.

하지만 긴장된 마음으로 깊은 산굽이를 꾸역꾸역 돌다 보면 어느새 목표를 잃는다. '어디를 가는 걸까?' 갑자기 혼란스러워지기도 하고 그저 곡예를 하듯 움직이는 차가 무사히 이 굴곡을 견디어내기를 소망하는 마음이 생긴다.

고속도로를 쌩쌩 달리며 속도를 자랑하던 차들이 잠시 순해지는 시간이다. 산으로 산으로 오르는 것만 같은 혼돈의 시간이 지나면 드디어 한계령 정상에 도달한다. 한계령 휴게소, 이쯤이면 누구나 가던 길을 멈추고 온 길을 돌아보며 다시 가야 할 길을 가늠한다. 하지만 이곳도 그리 넉넉한 장소는 아니다. 고갯길은 늘 바람이 세고 예정 없는 비도 자주 뿌려대며 찾아오는 이에게 오지게 인사를 한다.

'잘 왔어. 여기 오려면 이 정도 마음의 준비는 해야지….'

2021년 여름, 그날도 한계령은 흐림이었다. 때마침 영동 지역의 태풍 예고도 있는 날, 한계령은 간간이 비를 뿌리며 안개가 가득했다. 간신히 오른 한계령 마루는 비바람으로 시야가 흐렸다. 휴게소 앞 전망대의 망원경이 무용지물, 앞이 보이지 않는다. 비바람 속에 서서 안개 너머 양양 바다를 그려보았다. '그곳에는 더욱 거센 비바람이 불고 있겠지?' 시계는 제로이지만 그래도 바다를 그려본다.

너른 품으로 안아줄 것 같은 바다. 사람들은 바다에 서면 그 망망함에서 무장 해제되고 마음을 씻어 건진다. 시야에 이런저런 장애물을 걷어낸 바다는 기실, 그렇게 부드럽지만은 않지만 바다의 품에 나를 집어넣으면 나는 무한대로 확장된

산을 휘감아 가는 한계령 길

다. 바다가 가진 묘한 매력이다.

그 길 끝에 바다가 있다

산길은 아직 끝나지 않았다. 고갯마루에서 다시 길을 이으니 500여 미터 남짓 거리에 '필례약수길'이 있다. 인제 필례약수가 있는 길인데 인제에서 내린천을 따라가다가(31번 국도) 인제읍 하추리 계곡으로 들어서서 무심히 산길을 가야 하는 이 길은 요즘은 '은비령'이라 부른다. 정확히는 필례약수 부근의 갈림길 어름이다. 은비령은 실제의 지명은 아니다.

소설가 이순원의 작품 제목이자 이 소설에 나오는 신비의 길이다. 주인공이 바다를 보러 가다가 눈을 보기 위해 방향을 틀고 가는 중에 만난 블랙홀 같은 길, 강릉이 고향인 작가는 가끔 이곳 필례약수길을 넘었을 것이고, 이렇게 바다를 가는 길인지, 끝 모를 산속을 가는지 모호해지는 길에서 시간의 멈춤을 경험하지 않았을까?

1997년 제42회 현대문학상을 수상한《은비령》으로 인해 이 가상의 길은 실제의 길 이름으로 탄생하며 사람들의 발길을 이끌었다. 약수터 앞 가겟방 이름도 '은비령'이다.

고적한 길을 작가의 상상을 덧입혀 시간이 멈추고 현실의 경계를 넘어 순정한 사랑이 이루어지는 곳으로 만들었다. 작가는 이 길에 깊이를 더해주었다. 사람들에게 풋풋한 이상향을 만들어준 것이다. 이제 많은 사람에게 각자의 상상의 크기만큼 꿈을 심어주는 곳이 되었다. 나에게도 깊은 산속의 약수를 찾아가던 길에서 문학의 세계로 들어가는 길이 되어 가끔 그리워지는 곳이다. 길은 깊은 산속으로 하염없이 이어지지만 그 길 끝에는 바다가 있다. 새로운 시공간이 열린다.

《은비령》의 줄거리

고시 공부를 하던 주인공은 소설가의 길을 걷게 되고 아내와는 별거 중이다. 그러던 어느 날 옛날 은비령에서 같이 공부하던 친구들을 만나고 친구의 부인과도 인사를 하게 된다. 그 후 행시에 합격했던 친구가 죽고, 시간이 흐른 후 그는 친구의 아내와 만나게 된다.

자신의 감정을 속이지 않겠다는 마음을 먹은 주인공은 그 여자와 만남을 앞두고 자신들이 공부했던 은비령을 찾아 나선다. 때아닌 눈이 쏟아지고 고생스럽게 은비령을 찾은 주인공은 지난 시간을 회상한다. 친구의 아내도 은비령을 찾아온다.

별을 보러 온 사내로부터 2,500만 년에 자신의 원래 위치를 찾는다는 별자리 이야기를 듣는다. (…)

이 길을 따라가면 소설 속 공간인 은비령을 만날 수 있다.

은둔과
치유의 산,
설악산

선인들의 로망, 설악과 금강 유람

한계령을 넘을 때면 늘 산허리를 휘감고 도는 길에서 만나는 기묘한 바위와 웅장한 산세를 힐끗거리며 보게 된다. 급한 굴곡과 경사로 인해 마음을 졸이는 길이지만 시선은 짬짬이 설악산을 향하게 되고 산의 기세는 나를 압도하기 시작한다. 그러면 갓길에 차를 세우고 한참 동안 그 풍경을 바라본 뒤에야 다시 행진을 시작한다.

단단한 바위로 뒤덮인 산세가 길 양쪽으로 이어지며 점점 하늘보다는 산이 더 큰 모습으로 다가오는 길. 설악산의 깊숙한 기운 속으로 들어가고 있음을 느낄 수 있다. 짙푸른 여름은 더욱 산의 형상이 사람을 휘어잡고, 단풍이 한창인 가을 숲도 비현실의 세계를 가고 있는 듯 착각을 불러일으킨다. 겨울, 그 어느 곳보다 눈이 빨리 오는 이 산에 눈이 쌓이면 쉽게 접근하기 어렵지만 더욱더 온전한 제 모습을 드러내니 그대로 선경

仙境이다. 함부로 발을 들이지 못하게 하는 위엄을 갖춘 세계가 펼쳐진다.

설악산. 옛 선인들은 금강산을 제일 명산으로 치면서 금강산 여행길에 설악산을 꼭 끼어서 등반하곤 했다. 선인들의 여행 상품 가운데 세트 메뉴인 셈이다. 두 산이 모두 바위산이고 풍경이 유사한 것이 많은데 큰 산, 작은 산을 이루며 둘 다 즐겨야 온전한 여행을 누렸다고 생각한 것일까? 선인들의 마음을 알 수는 없지만 동해안 여행을 꿈꾸는 이들에게는 이 두 산이 관동팔경과 함께 관동유람에서 빠트리지 않는 명소였다는 것을 그들이 남긴 여행기에서 알 수 있다.

설악산은 이렇게 인기 여행지이기도 했지만 세상과 거리를 두고 살고자 했던 사람들의 은둔지이기도 했다. 숨어 살기 좋은 곳, 지나가는 사람들이 흘끗거릴 수 없는 산속의 암자 한 채는 그들에게 온 세상이고 자연과 함께 누리는 우주이기도 했다.

세조 시기 벼슬에 나아가지 않고 전국을 주유하며 자연 속에 살았던 김시습, 안동 김씨 명문가의 학자이면서 관직에 나아가지 않고 은거한 김창흡 등이 이 산에 살며 세상의 권력과 거리를 두고 자연의 이치를 탐구했으며, 신흥사를 비롯한 여러 사찰과 암자에서는 스님들이 거주하며 도를 구했다.

오래전부터 사람들의 발길이 이어진 설악산은 현재 국립공원으로서 영동과 영서 지역의 행정구역을 아우르며 관광자원으로 자리하고 있다. 인제군과 고성군, 양양군, 속초시 등 4개의 행정구역이 연결되는데 총 39만 8,237제곱킬로미터 면적이다. 이렇게 여러 행정구역에 걸쳐 있으니 설악산을 둘러싼 지역별 이해도 첨예하다.

인제 방면은 내설악, 한계령 – 오색 방면은 남설악, 그리고 속초시와 양양군 일부, 고성군으로 이루어진 동쪽은 외설악으로 구분한다. 외설악 지역은 관광지로 접근성이 좋은 편이고 상대적으로 내설악은 접근이 어렵지만 비경이 많고 역사 유적도 풍성하다.

설악산은 무엇보다 봉우리의 위세가 당당하다. 가장 대표적인 대청봉뿐만 아니라 어느 방향에서 보아도 저마다의 위용을 자랑하는 봉우리들이 30여 개가 있다.

또 여러 갈래의 등산 코스가 있어서 산악인들의 등정이 계절에 상관없이 이어진다. 그 가운데서도 설악산휴게소 지점의 한계령탐방지원센터에서 출발해 대청봉을 오르는 등산로는 많은 사람이 즐기는 등산코스이다. 한계령탐방지원센터 – 한계령 – 서북 능선 – 대청봉 – 비선대 – 소공원으로 이어지는데 주봉인 대청봉을 오르는 이 여정은 초보자에게는 도전하기 어려운 길이다.

설악산의 기암괴석

어린 여성 김금원의 여행

조선 후기에는 금강산과 짝지어 설악산을 여행한 기록이 제법 많다. 이 시기에는 실제 여행 체험을 시와 기록으로 남기는 것 외에도 직접 산수 유람을 하기 어려운 사람을 위해서 기존의 유람 기록을 묶은 《와유록臥遊錄》이 편찬되었다. 이 《와유록》이 선비들의 여행 욕구를 부추겨 여행을 떠나고 책 속의 풍경과 자신의 감성을 견주어보는 여행 패턴이 형성되기도 했다.

이이, 허목, 송광연, 김창흡, 김수증, 김수항, 홍태유, 김시습, 남효온 등 많은 이들이 관동 지역의 여행 기록을 남기고 있다.

금강산이나 설악산 등 명산을 즐긴 선인들의 기록을 보면 무척 여유롭고 관찰력이 뛰어나다. 이런 여행의 기록을 산문과 시로 남긴 그들의 유유자적이 더욱 고귀해 보이는 요즘이다. 많은 설악산 여행기 중에서도 김금원의 짧은 설악산 기록은 여행에 쏟은 그의 열정과 결연함 때문에 기억에 오래 남는다.

그가 금강산과 함께 관동팔경, 설악산, 그리고 서울을 두루 여행한 나이는 열네 살이다. 원주에서 출생한 김금원은 여성, 그것도 서녀庶女인 자신의 삶에 답답해하였고, 그 출구로 여행을 택한다. 부모님을 간신히 설득하여 남장을 하고 길을 나섰다. 아마 지난 시간과 앞으로 나아갈 자신의 삶에 분명한 금을 긋기 위한 여행이었을 것이다. 제한된 영역에서 선택의 폭 또한 좁디좁은 자신의 현실을 뒤로하고 과감히 나아가 세상을 두루 보겠다는 의지는 한없이 존경스럽고 닮고 싶어진다. 원주 사람 김금원, 자신의 굴레를 벗어내고 자유를 실천했던 사람의 이야기가 젊은 여성들에게 더 많이 알려졌으면 하는 마음이 종종 일곤 한다.

김금원은 금강산, 관동팔경 유람에 이어 설악산을 오르는데 대승폭포와 백담사 수렴동 등을 돌아본 다음에는 서울로 향했다. 설악산을 끝으로 산과 바다의 기이한 장관을 두루 보았다고 표현했다.

산이 가파르게 깎여 하늘에 닿아있어 조심조심 나아가 그 꼭대기에 오르니 대승폭포라고 부르는 것이 반공에 걸려 아득히 늘어졌는데 진주처럼 곱고 부서진 옥처럼 아름다운 물방울이 좌우에 뿜어져 한낮의 우렛소리와 함께 이슬비처럼 자욱이 내리고 있었다.

－김금원, 《호동서락기湖東西洛記》

오래전 설악산 여행기를 읽다가 조선의 양반들이 설악산을 여행하는 과정에서 스님들이 남여(가마)를 메는 가마꾼이고 양반들이 그 가마를 타고 가는 대목을 읽었다. 유교 사회였던 조선에서 스님들의 신분은 매우 낮았다. 그렇지만 양반의 산행에 스님들의 역할이 가마꾼이라는 것은 무척 낯설었다. '아,

김금원

1817년 강원도 원주에서 태어났다. 조선 시대 여성들에게는 금기시된 여행을 단행하여 남장을 하고 제천 의림지, 금강산, 관동팔경, 설악산, 서울을 유람하였으며 여행 기록서 《호동서락기湖東西洛記》를 남겼다.

1845년 김덕희金德喜의 소실이 되었다. 이후 김덕희와 서울의 삼호정三湖亭에 머물면서 같은 처지의 소실, 기생 등과 '삼호정시사'라는, 시를 짓고 교감하는 모임을 결성하였다. '삼호정시사'는 최초의 여류 시단詩壇으로 평가되고 있다.

양반들은 산에 갈 때도 가마를 타는구나.' 평지가 아닌 산길에 누군가의 어깨에 의지해 가는 여행은 시대를 감안한다 해도 불편하기 짝이 없는 풍경이다.

관직에 있거나 그 관직에 있는 분과 인연이 있는 사람들이 즐기는 여행에는 많은 사람이 동반한다. 옛 여행기를 보면 관동에 누가 있어서 그를 만나러 가고 또 함께 인근을 여행하곤 하는데 그 이동이 꽤 요란하다.

말과 가마를 챙기는 것은 물론 먹고 자는 일을 돌보는 사람들을 동행하니 움직이는 인원이 제법 많다. 요즘 우리도 히말라야 같은 산을 오르면 셰르파를 동반한다. 그들에게 짐을 지우고 걷는 걸음은 왠지 부자연스럽다. 하지만 그 많은 짐을 다 지고 오르는 것이 불가능하니 그들의 몸을 빌리게 되는데 그

설악산 전경. 멀리 울산바위가 보인다.

들을 앞세워 걷다 보면 나의 한가로움을 위해 수고하는 이들의 노동에 안쓰럽고 미안한 마음이 일어난다.

산을 오르기 위해 몇 날 며칠의 시간이 소요되고, 그것도 요즘처럼 다양한 장비가 없는 시절에야 오죽했을까?

설악산을 바라보는 2개의 시선

수많은 사람의 마음을 닦아주고 품어주는 설악산, 여전히 등산객들의 발길이 이어진다. 그 산에는 산양과 에델바이스 등

동식물들이 자신의 영토에서 묵묵히 살아간다. 이 산은 국립공원으로 지정되어 있고 천연보호구역이다. 천연기념물 제171호로 지정되어 있는 설악산은 다양한 생태환경을 자랑하는데, 지금 이 산은 더 이상 자연만으로는 사람에게 이롭지 않다는 생각과 있는 그대로 두어야 더 오래 사람에게 이로울 것이라는 생각이 충돌하고 있는 '뜨거운 산'이다.

설악산에 케이블카를 놓아서 관광객을 더 많이 유치하자는 계획이 자치단체에서 수립되었고 이에 반대하는 환경운동가들이 이 논란의 대척점에 놓여있다. 설악산에 서식하는 멸종위기 1급 동물인 산양 보호가 중요한 이슈가 되었고, 이에 반하여 관광개발의 논리와 더불어 장애인들의 이동권을 주장하는 이들이 케이블카 설치 목소리를 높이고 있다.

설악산을 관광자원으로 활용하여 지역의 이익을 얻으려는 사람들과 자연을 있는 그대로 보전하고 자연과 어우러지며 살아가기를 소망하는 사람들이 치열하게 대립하고 있는 설악산 케이블카는 정치적 이해관계까지 얽혀있다. 긴 싸움 끝에 설치하는 것으로 가닥을 잡았지만 여전히 말끔하게 매듭지어지지 않아서 무엇이 또 터질지 불안한 갈등이 남아있다.

오랫동안 자연과 함께 살아왔지만 그 자연에 고립되고, 때로는 불편을 겪었던 지역민들은 자연이 삶에 보탬이 되었으면 하는 마음 간절하다. 그래서 사람들이 접근하기 쉬운 인공물을 넣어야 한다는 생각을 갖는다. 이처럼 삶의 터전 관점에서 갖는 절실함을 외면하기는 어렵다.

동강에 댐을 건설하려 할 때도 그랬다. 건설과 반대, 그 안에서 주민들은 삶의 터전이 피폐해가며 이러지도 저러지도 못하는 고통을 겪었다. 설악산의 현재도 그런 모습이다.

이 치열한 논란 속에서 자연과 사람이 어떻게 조화를 이루어야 하는지 더 깊은 고민을 해야 한다는 것을 모두가 깊이 느꼈을 것이다. 자연과 환경에 대한 관심이 한 걸음 더 나아갔으면 하는 바람 간절하다.

설악산 안내판

제 몫을
다한 길의
쏠쏠함

44번 국도의 전설

서울, 경기 방면에서 강원도로 이어지는 국도 가운데 가장 대
표적 노선이 44번 국도이다. 이 44번 국도는 인제 남면에서 고
성으로 향하는 46번 국도와 뒤섞인다. 2개의 도로 번호를 동
시에 달고 있는 국도는 한계령을 향하는 지점인 한계리 삼거
리에서 다시 갈라져 내설악 주변을 지나며 남설악을 향해 고
개를 넘는다.

　44번 국도는 1970년대 양수리에서부터 건설되기 시작해 홍
천 - 횡성 - 인제 등으로 이어지는 다른 국도와 중첩되면서 강
원도의 영서에서 영동으로 이어지는 길의 중심에 놓여있었다.

　강원도에서는 영서인 인제와 영동인 양양을 이어주는 길이
다. 또 46번 국도는 인천 - 서울 - 강원도의 화천·양구·인제·
고성 등 강원 북부 지역을 연결하는 길로 한반도를 동서로 관
통하는 국도이며 최북단에 있다.

춘천 사람인 내가 춘천에서 영동 지역을 가려면 예전에는 44번이나 46번 국도를 이용해야 했다. 춘천에서 홍천 – 인제를 거쳐 가는 44번 국도를 지나서 한계령을 넘어 양양을 지나 속초를 가거나, 더 북쪽이고 굴곡이 심한 산길이며 화천 – 양구 – 인제를 거치는 46번 국도를 따라가면서 고성, 속초로 방향을 잡는다. 아니면 인제에서 더 위쪽인 진부령, 미시령을 넘어 고성 쪽으로 가는 방법도 있다. 강릉으로 가려면 횡성 방면에서 길을 바꾸어 대관령을 넘어야 하지만 북쪽의 바다를 가려면 이 국도를 이용해야 했다.

이들 가운데 44번 국도는 한계령을 넘기 전까지는 큰 고개가 별로 없이 마을들을 지나면서 강도 만나고, 산길을 에두르

44번 국도 버스정류소

며 간다. 하지만 강원도 길 어디에 고개가 없는 길이 있던가. 길을 지나다 보면 말고개, 주읍치, 며느리고개 등 고개를 알리는 이름들이 주변에 자주 나타난다.

강원도에서 고개는 늘 만나는 지명이고 길이다. 삶이 매 순간 고개를 넘듯, 크고 작은 고개를 넘어가는 일은 담담하게 일상에서 거쳐야 하는 과정인지도 모르겠다.

하지만 어쩌다 넘는 고개는 버겁다. 구배勾配가 심한 길을 넘을 때마다 막힌 시야는 불안을 부른다. 화천, 양구, 인제를 거쳐 고성으로 이어지는 46번 국도는 유난히 고개가 많다. 지금은 터널이 여럿 생겨 빨라지고 직선 길이 많지만 여전히 만만하지 않다. 춘천에서 화천, 양구를 넘어갈 때부터 험한 고갯길이 기다린다.

춘천에서 오봉산(청평산) 등반 들머리인 배후령 넘고 화천 오음리를 지나 양구로 가는 초입에서 광치령을 만난다. 또 산을 끼고 이어지는 길이 다반사이고 소양강이 절벽 아래에 있는 도로다. 강을 가로지르는 다리를 건너고 산굽이를 여러 번 돌아야만 한다. 그래서 강원도 운전면허는 알아준다는 속설이 있다. 수없이 구불구불한 산길을 도는 실력으로 어디를 달리지 못하겠는가?

바다를 만나는 길은 멀고도 멀었어

경기도 양평에서 출발하여 양양으로 이어지는 44번 국도는 서울-양양 고속도로가 생기면서 쓰임새가 덜해졌지만 예전에는 여름이면 늘 몸살을 앓았다. 수도권 사람들이 여름휴가로 양양, 속초를 가려면 이 길을 지나야 했기 때문이다. 여름철 도로는 만성 적체였다. 물류 수송이 어려울 뿐 아니라 바다를 만나기 위해서 몇 시간씩 이 길에서 인내심을 길러야 했다. 그래서 길가에 삶은 옥수수, 복숭아 등 지역 농산물을 파는 간이 상가가 즐비했고 심심풀이 간식을 들고 다니며 정체된 도로에서 파는 풍경도 낯설지 않았다. 10시간을 넘게 길에서 있었다는 사람들의 원성이 쌓이곤 했다. 해마다 피서철이면 지역 신문에는 이런 도로의 풍경을 매일매일 스케치한 르포 기사가 실리곤 했다.

이렇게 강원도의 바다로 산으로 여행을 가는 사람들을 품었던 길이 요즘은 한산하다. 빠르게 목적지에 다다르는 것을 미덕으로 여기는 시절의 44번 국도는 은퇴한 노년의 인생 같다. 2021년 춘천에서 한계령을 넘던 여름날도 그랬다. 홍천-인제를 이어가는 길, 손님이 몇 명이나 있는지 모를 쓸쓸한 주유소, 문을 닫아버린 휴게소와 음식점들이 드문드문 눈에 들어온다.

도무지 사람이 들것 같지 않은 위치에 모텔은 왜 그리 많은

지 모르겠다. 백악관, 블루힐…. 동네와 어울리지 않는 이름들이다. 옥수수가 이름난 홍천에서는 길가 임시 매장들이 찐 옥수수와 생옥수수를 곳곳에서 파는데 제철이 조금 지나서인지 매장에 활기가 없어 보인다. 그래서 큰 휴게소 앞, 간이 옥수수 매장에 차를 세우고 찐 옥수수를 샀다. 어쩌다 만난 고객이어서 그런지 거스름돈을 구하려고 옆의 큰 휴게소로 달려가는 주인의 발걸음이 허둥거린다.

사람이 살고 있는지 알 수 없는 쇠락한 길갓집에 환하게 피어난 백일홍, 분꽃은 왠지 더욱 화사해 보이는 게 서글퍼진다. 우르르 몰려다니던 사람들의 행렬에서 밀려난 강원도 시골길은 어디나 비슷한 감성을 불러온다. 지고 있는 꽃이나 낙엽을

국도 변 우편함

보며 느끼는 쓸쓸함, 그래서 더욱 애절해 보이는 풍경이 길 위에 가득하다.

46번 국도에서 찾은 옛 시간

춘천에서 인제를 거쳐 고성으로 이어지며 진부령을 넘게 되는 46번 국도 역시 서울 – 양양고속도로의 개통과 함께 은퇴자 신세가 되었다. 춘천, 화천, 양구, 인제, 고성으로 이어지는 이 길은 44번 국도 일부 구간과 중첩되면서 고성뿐 아니라 옛 미시령을 통해 속초로 가는 길이다. 서울, 경기 지역 주민들이 동해 바다로 가던 길, 춘천을 거쳐 가며 이 길의 지난 시간을 더듬는 마음은 복잡하다. 한적함을 누리면서도 텅 비어 아무도 없는 것 같은 길 주변이 허전하다.

혼자 차를 운전하며 가는 여정은 한가로움을 오롯이 느끼게 한다. 일상의 도로에서 줄지은 차들과 속도 경쟁을 해야 하는 것과는 달리 느릿느릿 나의 리듬으로 간다. 길은 마치 전세를 낸 듯 다른 차들이 보이지 않으니 내 맘대로 속도를 늦추며 거북이 행진을 한다.

춘천에서 양구로 가는 길은 터널이 생기면서 주행 시간을 단축시켰다. 이제는 차가 다니지 않는 배후령 옛길은 심한 꼬부랑길이다.

"꼬부랑 할머니가, 꼬부랑 고갯길을, 꼬부랑꼬부랑~ 고개를 넘어간다…."

이런 노래들도 이제는 박물관에 자리를 틀고 있어야 한다. 꼬부랑 할머니도, 꼬부랑 고갯길도 알 수 없는 요즘의 아이들이다.

양구쯤만 가려 해도 길이 험해서 멀미도 피하기 어려웠다. 문화기획자인 남편은 이 옛길을 이용해 '멀미 축제'를 해보고 싶다고 말해서 한참 웃었던 적이 있다. 터널이 새로 뚫리면서 간간이 자전거를 타는 사람들만 이용하는 옛길을 활용해 축제를 만들되 '멀미'를 콘셉트로 해보자는 것이었다. 서로 킥킥거리며 한 이야기지만 지난 시간의 경험을 어딘가에 기록해 두고 잘 정리하여 상품화하는 것도 고민해볼 일이다.

장사가 되지 않아 문을 닫고 있는 길가의 농특산물 판매장은 흉물스럽기까지 하고, 가끔 과일이나 옥수수, 안흥찐빵, 감자떡 같은 주전부리 식품을 파는 간이 매장들만 호기심으로 차를 세우는 고객을 맞는다. 빠른 길을 연거푸 열다 보니 새 길은 마을 주변을 지나지 않고, 외곽으로 뻗어났다. 그래서 지역 상권이 몰락하고 외부인이 잘 머물지 않는 곳이 되어버린 마을이 많아졌다. 문을 닫은 채로 방치된 주유소, 작은 가게들이 자주 눈에 띄는 강원도의 옛 도로들. 누군가의 바쁜 걸음을 지원하는 넓은 길들이 오랜 강원도의 옛 길가에 사는 사람들에게는 빈곤함을 몰고 왔다.

사람들이 가끔 이 느린 길을 찾아 길가의 코스모스도 바라보고, 길갓집 낡은 풍경에서 풍기는 고적함도 누려보면 좋겠다. 빠른 길에서 볼 수 없던 것들을 발견하게 될 테니….

어릴 적에는 무척 길고 멀미 나던 길인데 이제 이 길을 느리게 유람하는 나는 이 길의 풍경에서 잊었던 시간을 소환한다. 긴 멀미로 고통스러웠던 진부령 가던 길, '만국기가 펄럭이는 주유소', '삼거리집' 등을 예쁘게 그려준 선배의 여행 지도를 들고 고성과 속초 등지의 작은 가게들을 찾아가던 시간, 이런 것들을 더듬는 나는 이제 '라떼~'나 읊조리는 꼰대가 되어버렸다는 것이 슬그머니 서글퍼진다.

복잡한 마음이 뒤엉키던 길을 가다 문득 정신을 차리니 인

46번 국도

제 용대리이다. 모처럼 여유로운 길을 나섰으니 이곳에 멈추어야겠다는 생각이 들었다. 용대리에서 백담사로 방향을 돌렸다. 어차피 오늘의 여정은 발길 닿는 대로이니 백담사 구경을 하고 가야겠다.

백담사와
용대리에서 만난
옛사람의 향기

백담사 가는 길

이상하게 최근까지 백담사까지는 가본 적이 없었다. 황태 축제를 보러 용대리에도 갔고, 만해마을에도 몇 번 다녀왔고, 인근 설악산 명소를 수없이 왔어도 백담사는 늘 지나쳤다. 최종 목적지를 강릉으로 두고 마음이 닿는 대로 유랑을 하리라 마음먹은 날, 드디어 나는 백담사를 만났다.

강릉으로 가려면 영동고속도로로 가는 것이 지름길이지만 한껏 여유로운 마음으로 출발한 유랑 길은 화천, 양구, 인제를 거치고 속초를 들렀다가 다시 강릉으로 갈 요량으로 국도만 따라서 가는 여정을 택했다. 여유는 늘 새로운 도전을 낳는다. 이 느린 여행길에서 계획을 살짝 바꾸었다. 인제 근방을 갈 때마다 늘 마음으로만 담았던 용대리 안쪽으로 길을 잡은 것이다. 내 마음은 백담사를 따라가고 있었다. 46번 국도에서 마을 방향으로 길을 틀고 이어서 백담사로 가는 길목으로 들어섰다.

'용대마을에서 백담사까지 왕복 13킬로미터'라는 안내를 보니 당일 일정을 잡은 내가 걸어서 사찰까지 가는 것은 무리이다. 아쉬운 대로 계곡을 따라 잠시라도 걸어보자 하는 마음으로 마을 주차장에 차를 세우고 걸음을 떼려니 막 출발하려는 백담사 셔틀버스가 있다. '이게 웬 행운인가.' 싶어 얼른 달려가 운전기사에게 돌아오는 운행 시간을 확인하고는 헐레벌떡 매표소로 가서 표를 끊어 셔틀버스에 올랐다. 버스 안은 승객들이 제법 차 있었고 나는 마지막 승객이었다. 불과 몇 분 사이에 셔틀을 타게 된 나는 카메라를 만지작거리며 설레는 마음을 달랬다.

버스는 계곡을 따라 왕복 교행이 어려울 만큼 좁고 굴곡진

백담사 앞 냇가의 돌탑들

길을 덜컹거리며 간다. 몸이 이리저리 쏠리는 불편함마저 한껏 즐기며 기웃기웃 풍경을 내다본다. 맑은 물과 어우러진 여러 형상의 바위가 눈에 들어오니 걷지 않고 버스를 타고 가는 게 영 아쉽다.

일행 없이 혼자 가는 길, 나 홀로 여행 경험이 많지 않은 나는 조금 머쓱하기도 하고 외롭기도 했지만 모처럼 챙긴 카메라 가방을 의지하여 여행의 기분을 한껏 고조시킨다. 그럴듯하니 묵직한 카메라 한 대 메었으니 촬영이 목적인 듯 보일 수도 있겠다. 이런저런 풍경 사진이 필요하기도 하니 그 목적이 아주 없는 것도 아닌 듯, 스스로 최면을 걸며 길을 간다.

드디어 닿은 백담사, 오래전 고 전두환 대통령이 독재를 하다 퇴임한 말년, 여론을 잠재우기 위해 그들은 근신의 제스처로 백담사행을 택했다. 한겨울 부부가 백담사로 가는 눈 쌓인 길, 그리고 고드름이 주렁주렁 달린 사찰의 요사채 모습을 담은 텔레비전 뉴스를 처연한 마음으로 바라보던 기억이 되살아난다. 지금의 백담사는 그 사찰 풍경은 아니다. 잘 손질되고 관광지가 된 사찰은 고즈넉하기는 하지만 누구라도 품어줄 것 같은 따스한 느낌은 없다. 평일이어서 관광객이 거의 없어 더욱 고요한 것일 거라고 짐작하며 천천히 경내로 향했다. 이 고요가 나의 백담사 첫 방문의 선물인 듯했다. 누구도 방해하지 않는 고요와 여유를 가득 채우며 느린 걸음을 이리저리 옮겼다.

다리를 건너 금강문을 지나고 극락보전, 나한전을 흘끗거

리고 만해당을 지나 인접한 만해기념관으로 들어갔다. 이곳
도 관리하는 사람이 없어서 주인이 된 듯한 여유와 함께 꼼꼼
하게 전시물들을 눈에 담았다. 그곳에서 옛 백담사를 만나 한
참을 시선이 머물렀다. 흑백사진의 고찰, 거기에는 만해가 있
었다.

　이 깊은 사찰에서 도를 닦고, 시대의 고통을 외면하지 않고
나라의 독립과 불교 개혁에 마음 쓰며 글로써 자신의 흔적을
오래 남긴 분, 그 깊이를 알지는 못하지만 이 아득한 산속에서
그가 보냈을 밤과 그가 고민했을 깨달음에 대해 잠시 생각한
다. 강원도 하고도 설악산 깊은 곳, 마을 입구에서 한 시간 반
이상 계곡을 걸어야 당도하는 이 사찰의 옛 시간은 더욱 깊고
외로웠을 것이리라. 고독함이 있어야 신에게 닿을 수 있다는
어느 종교가의 글이 기억났다.

설악산에서 만난 삼연 김창흡의 흔적

사찰의 옛 이름은 한계사寒溪寺이다. 신라 진덕여왕 재위 기간
인 647년에 자장율사가 건립한 것으로 기록되어 있는데 원래
의 위치는 이곳이 아니다. 현재의 사찰은 1957년에 재건되었
다고 한다. 백담사는 대청봉에서 이곳까지 100개의 웅덩이가
있다 하여 붙여진 이름이라는 설명이 국립공원 설악산 홈페

백담사 전경

이지에 나와있다. 대청봉과 이곳까지의 거리와 깊이를 말해주는 이름이다.

시간의 더께가 쌓인 만큼 이곳에 발길을 한 사람들도 무수히 많다. 그 가운데 나의 마음을 *끄*는 사람이 있으니 조선 후기 인물인 삼연 김창흡이다. 그는 강원도의 산과 사찰, 그리고 명승 기록에 자주 등장하곤 한다. 강원도의 역사 문화를 살피다가 곳곳에 남아있는 그의 흔적을 읽으며 자연스레 그분에게 관심을 갖게 되었다.

삼연의 집안은 대대로 이름난 권문세가였다. 할아버지 김상헌은 좌의정, 아버지 김수항은 영의정, 형들은 영의정(김창집), 예조판서(김창협)를 지냈다. 하지만 그는 벼슬에 관심을 두지 않고 자유로운 삶을 택했다. 학문에 심취하고 시 쓰기를 좋아한 그는 당쟁에 휘말린 부친과 형 창집이 죽임을 당하는 아픔을 겪어야 했다. 권력의 비정함을 온몸으로 겪은 그는 강원도의 산을 떠돌며 살았다. 철원, 화천, 강릉, 설악산 등 도내 명승마다 그가 기거했던 흔적이 전해온다.

김창흡은 설악산에서는 한계령에서 살다가 백담계곡 입구(백련정사)에, 또 그 뒤에도 근처로 몇 번 거처를 옮겼는데 마지막에는 설악산의 깊은 품인 영시암에서 머물렀다. 이렇게 거처를 마음이 동할 때마다 옮겨 다닐 수 있으면 얼마나 좋을까? 삼연의 흔적을 더듬다 보니 아파트 하나 간신히 사서 대출을 갚아가며 사는 붙박이 삶이 더욱 초라해진다.

셔틀버스를 타고 가니 책에서 읽었던 그의 유적들을 가늠해보기가 어려웠다. 강원도의 산에 대한 한문 기록을 읽어내고 답사를 통해 그 기록 장소를 재발견하는 데 관심을 기울이고 있는 권혁진 강원한문고전연구소장은 백담계곡으로 향하는 골짜기마다 농월대, 두타연, 치마를 닮은 상암, 학암, 거북바위 등이 있다고 그의 책《설악 인문기행》에서 설명하고 있다.

김창흡의 기록에 나와 있는 곳들, 그곳을 느릿느릿 걸었을 그의 발길을 떠올려본다. 달밤의 풍경과 놀고 바위와 계곡의 자연 형상을 관찰하며 즐기는 삶, 삼연은 세상이 시끄러울수록 설악산 품으로 더욱 깊이 들어가며 자연과 하나가 되어갔을 것이다.

설악산은 그에게 치열한 정치가 작동하는 세상을 벗어나 성리학을 연구하고 글을 쓰며 자연의 이치를 깊이 깨닫게 하는 사유의 공간이었다. 그래서 그의 설악산 거주는 그의 지인들을 산으로 불러들이고 함께 어울리는 시간을 만들기도 했다. 설악산은 지금도 그렇지만 많은 것을 품고 내어주며 치열한 삶에 지친 이들을 다독인다.

계속 바람 불어 문 닫고 쉬다가
바람 잠잠해지자 산에 들어와 노닌다
대*의 학 찾으니 오랜 세월 하늘에 있고
앉아서 연못 물고기 세니 백여 마리쯤 되는구나. (…)

산속에 살면서 늘 바라보는 풍경, 선비는 그곳에 자신의 마음을 싣고, 다른 형상을 찾아내며 자연과 놀기를 즐긴다. 그 마음을 느껴보려고 버스를 타고 흘깃거리지만 스치는 눈길에는 무엇 하나 제대로 들어오지 않는다. 새삼 이곳에서 놀았을 사람들이 부러워진다. 우리는 그저 자연 하나도 남들이 좋다 하니 호기심으로 기웃거리고 유명한 곳이니 가봐야 한다는 강박으로 명승지를 찾는다. 삼연의 향기를 흠뻑 느끼지 못한 아쉬움으로 곧 다시 와서 온전한 나의 걸음으로 설악산의 미세한 아름다움을 제대로 음미하리라 다짐한다.

백담사 가는 길은 약 7킬로미터의 거리, 버스로는 20분 정도의 시간이 걸리지만 걸어가려면 2시간 가까이 발품을 팔아야 한다. 하지만 물소리, 바람 소리 그리고 돌과 나무들이 어우러진 풍경을 깊이 새기려면 발이 수고를 해야 한다. 그래야 몸으로 새겨지는 자연의 소리와 풍경을 만날 수 있다.

삼연(三淵) 김창흡(金昌翕, 1653~1722)

조선 시대 안동 김씨는 권세가로 널리 알려져 있다. 삼정승을 배출한 집안이지만 그만큼 명암이 드리워있다. 권력은 칼을 쥐고 있지 않으면 칼에 찔릴 운명이라고 해야 할까. 조선 후기 끊이지 않는 정쟁 속에서 숙종의 후계를 정하는 문제로 기사환국(己巳換局)이 일어나며 송시열을 중심으로 하는 서인이 몰락하며 아버지인 영의정 김수항이 사사되는 비극을 맞게 된다.

김창흡은 일생을 관직과는 거리를 두고 살았다. 성리학자로 명망이 있으며 여러 책과 글을 남겼다. 전국을 여행하며 살아 강원도에도 여러 곳을 다니며 기록을 남겼는데 금강산을 비롯하여 철원, 청평사, 화천 곡운 구곡 등에서 기거하였다.

백담사의 소소한 풍경

왕도 쉼을 얻었던
오대산의
쉼표

사찰에서 누리는 기운

어느 한두 곳만 꺼내서 강원도의 산 이야기를 하기는 어렵다. 백두대간을 중심으로 온통 굴곡을 이루어 산을 키운 땅의 역사, 그 산이 존재해온 시간만큼이나 해야 할 이야기가 많은 것이다. 저마다 설화를 담고 있고, 산의 품에서 살아가는 동물과 식물들도 그곳에서 살아온 이야기가 있다. 그곳은 사람들에게 먹을거리를 제공하고, 살아가는 데 필요한 도구가 되어주기도 한다. 논과 밭이 중심을 이루는 너른 평야에 비해 풍성하지는 않지만 골골마다 사람들을 품어온 산은 강원도 사람들에게 땔감, 집 지을 도구, 먹을거리 등 많은 것을 내어주었다. 풍요로운 그 무엇이 되어주지는 않았지만 삶을 지탱해주고 껴안아주는 역할을 충실히 해오고 있다. 요즘과 같이 무언가에 늘 쫓기고 뛰어다녀야 하는 시절에는 그 달려가는 걸음을 멈추고 산에 드는 것만으로도 위안을 주고 생기를 되찾아준다.

산 어느 곳이나 햇빛이 좋고 주변으로 물이 흐르는 명당에는 절을 지었다. 산이 내뿜는 기운 속에서 온갖 생명을 포용하고 있는 곳에 수도처를 짓고 도를 닦는 것은 어쩌면 당연한 일인지도 모르겠다. 삶의 기쁨과 슬픔, 또 그 너머의 세계를 들여다보려면 맑은 기운이 있어야 하고 집중해야 한다. 그래서 산중에서도 수도하기 좋은 곳을 찾아내 절을 지었다.

하지만 요즘의 우리에게 사찰은 친근하지 않다. 무엇보다 자주 접하는 환경이 아니다. 대중을 위한 단기 수행 프로그램인 템플스테이가 인기를 얻고 있기는 하지만 사찰은 일상과 분리된 공간이어서 적지 않은 경계를 만들고 있다. 저마다의 처한 환경과 문화적 경험에 따라 다르겠지만 마냥 편안한 곳만은 아니라고 느끼는 사람들이 더 많을 것이다.

어릴 때부터 사찰을 많이 경험해보지 못한 탓도 있을 테지만 내게 사찰은 그리 친근한 공간이 아니다. 아주 오래전, 절로 여름휴가를 간 적이 있었는데 사찰 문화에 익숙하지 못한 나는 아침밥을 얻어먹지 못했다. 호기심으로 가기는 했는데 왠지 모르게 부자연스러운 시간이었다. 지인의 소개를 받아 홍천 수타사에 가서 스님들도 계시는 요사채에 하룻밤을 묵었다. 요기조기 절 구경을 하고 호기심을 마음껏 채웠는데 다음 날 아침, 산책을 다녀오니 스님이 "공양을 했느냐"고 물었다. '공양? …나에게 불공을 드리라는 건가?' 교회는 다녔어도 절은 드나든 경험이 거의 없는 나는 엉겁결에 "했다"고 대답

했다. 불전에 가서 절을 하는 것은 생각해보지 못했기에 불편한 마음에 거짓말을 한 것이었다.

밥 먹으라는 소리를 잘못 이해하여 벌어진 일이다. 그 뒤로도 사찰은 문화적 요소로 이해하고 공부하는 대상이었지만 내 마음을 벗어놓는 곳은 되지 못했다.

전통 건축의 양식이 책을 읽고 설명을 들어도 쉽게 다가오지 않고 특히 불상의 종류는 늘 어렵기만 했다. 사찰을 둘러싼 문화유산도 마음을 끌어당기는 것을 만나기가 쉽지 않고 늘 무겁게만 느껴지는 곳이다. 부처님을 비롯해 온갖 불상이 있는 불당, 절의 입구를 지키는 사천왕상, 또 목어나 종, 탑…. 대부분 문화재로 이름 붙어있는 이들은 그저 존중해야 할 대상이지 기대고 만지고 느껴보는 대상이 되어주지는 않는다.

걸음도 조심조심해야 할 것 같고, 경내 정숙을 강조하는 문구를 붙인 곳도 많아서 애써 나직한 소리와 느린 발걸음으로 기웃거리게 되는 곳이다. 이런 분위기는 절이 주는 엄숙함과 함께 그를 둘러싼 산의 큰 기운도 한몫하는 게 아닌가 싶다.

이렇게 낯섦과 경외심을 유발하는 사찰은 우리의 일상과는 다른 세계이다. 그래서 또 다른 기대를 하게 하는 곳이기도 하다. 이곳은 잡념도 없고, 번민도 없을 것 같다는 상상을 일으키는 공간이다.

오래전 여승들이 머무는 사찰에 갔다가 여승 두 분이 손을 잡고 가는 모습을 보았다. 내게는 그 모습이 무척 낯설었다.

월정사 입구 다리

세속에서 친구들이 손을 잡고 가는 모습을 승려에게서 보는 게 그렇게 생경할 수가 없었다. 내가 사는 세상과 다른 세상이라는 고정관념 때문일 것이다.

오대산에서 문수보살을 만난 세조

불교가 국가의 통치 이념의 중심에 있을 때는 절들이 사람들이 사는 일상의 공간에도 많았다고 하는데, 조선 시대는 성리학이 지배 이데올로기인 사회가 되면서 절은 대부분 산속으로 깊이 옮겨갔다고 한다. 나는 종교는 사람들을 위무하는 역할을 하므로 그 시설은 치열한 삶의 현장 가운데 있는 게 더 적합하다고 생각한다. 물론 집중적으로 도를 닦고 기도하는 곳은 좀 고요할 필요는 있겠다.

아무튼 조선의 통치 이데올로기가 불교를 배척한 연유로 오늘 우리가 만나는 불교는 대부분 산속의 사찰을 중심으로 유지된다. 그래서 명산이라고 하면 반드시 몇 개의 사찰들이 들어앉아 있고 저마다의 설화 한두 개쯤은 품고 있다.

평창 오대산에 있는 사찰도 굵직한 이야기를 품은 곳이다. 신라 자장율사가 중국의 오대산에서 문수보살을 만나고 우리 땅에도 문수보살이 오시기를 꿈꾸며 지명을 똑같이 오대산으로 하고 월정사를 지었다고 한다. 오랜 시간을 지나며 쌓인 명성만큼 이곳의 건축물과 유물 하나하나가 예사롭지 않다.

월정사, 상원사가 대표 사찰이며 국보(상원사 동종 - 국보 36호, 월정사 팔각구층석탑 - 국보 48호)와 보물(월정사 석조보살좌상 - 보물 139호, 상원사 목조문수보살좌상 - 보물 1811호)들이 줄줄이 있고, 조선 시대의 역사서를 보관하던 사고史庫가 있던 곳이다. 신라 시대로부터 시작하여 긴 역사를 이어가며 사람들에게 지혜의 길을 일러주는 문수보살을 모시는 '문수 신앙'의 중심지로 명성을 쌓아왔다. 특히 조선 시대 세조와 얽힌 설화가 여러 모양으로 전해지는데 왕이 상원사를 다시 짓는 중창重創 불사를 지원한 기록이 있어서 왕의 절이라는 자부심이 큰 곳이다.

오대산 가장 높은 봉우리인 비로봉(1,563미터)을 중심으로 동대산, 호령봉, 상왕봉, 두로봉 등 5개의 봉우리와 그 봉우리 사이에 평지를 이룬 5개의 대臺가 있고 이곳을 거점으로 사찰들이 들어서 있다. 월정사, 상원사와 함께 중대 – 사자암, 동대 – 관음암, 북대 – 미륵암 등이 있는데 중대인 사자암은 부처님의 진신사리를 모셨다는 적멸보궁이다.

산이 깊으면 품도 넉넉하다. 이 산은 평창뿐 아니라 홍천, 강릉 지역에 걸쳐 있다. 동쪽 강릉 방면에는 아름답기로 소문난 오대산 속 작은 금강산이라고 하는 소금강이 있다. 산은 크고 깊어서 내 생각의 크기에 한꺼번에 들어오지는 않지만 자료들을 점검하며 다시 느끼는 오대산에서는 끊임없이 묵중한 이야기가 솟아난다.

오대산 하면 보통 월정사와 상원사를 가장 먼저 떠올린다. 여러 사찰이 이 산에 있지만 두 사찰이 널리 알려져 있다.

월정사는 조계종 제4교구 본사로 87개의 말사와 9개의 암자가 교구 산하에 있다. 한암漢岩(1876~1951), 탄허呑虛(1913~1983) 등 현대 우리 불교에서 큰스님으로 잘 알려진 분들이 거처하셨던 곳이기도 하다.

한암 스님이 6·25전쟁 중 상원사가 불에 타는 것을 막은 일화가 전해진다. 전쟁이 치열할 즈음 사찰이 군사 거점이 되는 것을 염려해 월정사를 태우고 상원사도 태우려고 했을 때. 한암 스님이 법당과 함께 타 죽는 소신공양을 하겠다고 완강하게 막는 바람에 할 수 없이 절의 문만 떼어서 불살랐다고 한다. 또 한암 스님의 제자로 상원사에서 출가한 탄허 스님은 불교 경전 연구와 번역 작업에 몰두하여 석학으로 추앙받는 분이다.

큰스님들의 족적에 앞서 오대산은 조선 세조가 사찰에 가는 도중 문수보살을 만났다는 설화가 전해지며 일찌감치 산과 사찰의 존재가 부각되었다. 또 세조가 상원사 참배 중 고양이의 도움으로 목숨을 건졌다는 일화도 있다.

1984년에 발견된 문수동자 복장腹藏에서는 세조의 딸 의숙공주가 문수동자상을 봉안한다는 발원문을 비롯하여 많은 유물이 발견되었다. 근세에는 방한암 스님이 오대산으로 들어온 뒤로 상원사에서 27년 동안 두문불출하며 수도 정진하였으며 수련소를 개설하여 후학 양성에 진력하였다. 이런저런 오대산과 사찰들의 역사에서 범상치 않은 기운이 느껴진다. 그중에서도 세조가 불교에 의지하고 오대산을 찾은 것은 무얼 의미하는 것인지 먼저, 곱씹게 된다.

최고의 권력을 갖기 위해 수많은 인명을 빼앗은 세조, 그는 왜 문수보살을 만났다는 설화를 남기게 되었을까? 그가 발견한 지혜는 무얼까? 세조의 삶은 오늘날에도 많은 연극, 영화, 소설 등이 여러 관점으로 해석하며 그의 인간적 고뇌를 들여다보고 있다.

역사적 사실 뒤에 숨겨져 있는 것을 정확히 이해하기는 어렵겠지만 성리학의 나라 조선의 임금이 먼 오대산까지 와서 찾으려 했던 것, 위안을 받고 싶었던 것을 생각하면 오롯한 인간으로서 세조를 잠시 떠올려볼 수도 있겠다.

월정사와 상원사, 그리고 그것을 둘러싼 보물들, 여기에 여러 가지 설화가 덧칠해진 사찰은 위엄을 지니고 있어서 경내를 기웃거리다가 은근히 위축된다.

그래도 월정사 경내에 있는 팔각구층석탑의 아름다움을 느껴보고 그 앞에 있는 석조보살좌상의 마음도 읽어야 한다. 불교에 대한 깊은 지식이 없는 나는 불상의 의미나 그것이 전해주는 전능함은 잘 느끼지 못한다. 하지만 드물게 팔각으로 이루어진 석탑의 화려함 앞에 조용히 무릎을 꿇고 낮은 자세를 취하여 석상의 눈높이와 맞추어 그 모습을 들여다보는 움직임은 자연스럽게 일어난다. 탑을 향해 한쪽 무릎을 꿇고 다른 한쪽은 세운 자세의 공양보살, 높은 관을 쓰고 있는 보살은 얼굴이 갸름하고 살집도 제법 있는 모습이 복스럽다. 가는 미소를 담은 얼굴, 이 얼굴은 누구의 얼굴일까? 그 시대를 살았던 누군가가 보살상의 모티브가 되지 않았을까?

머리에는 높다란 관冠을 쓰고 있으니 높은 신분이다. 얼굴에는 만면에 미소가 어려있다. 머리칼은 옆으로 길게 늘어져 어깨를 덮고 있고 섬세하고 곱게 조각한 목걸이를 가슴까지 늘어지게 장식하였다. 보살이 입고 있는 옷은 얇고 가벼워 몸에 밀착되어 있다.

이 석조보살좌상은 이곳에서 그리 멀지 않은 강릉 신복사지 석불좌상(보물 84호)과 같은 형식이다. 고려 시대 화엄종 계통의 사원에 있는 불상의 특징이다. 탑에 공양 보살을 함께 배치한 것이 고려 전기의 특징이면서 우리나라만의 구성이라고 한다. 더구나 강원도에 집중적으로 조성되어 있다고 하니 더욱 귀해 보인다. 강원도 어느 귀인의 넉넉한 얼굴이 이 보살상의 모델이 되지는 않았을까 하는 나의 상상은 시간을 거슬러 가며 길게 이어진다.

월정사 팔각구층석탑 앞 석조보살좌상

천년의 절, 천년의 숲

사찰에 이르기 전, '천년의 숲'으로 널리 알려진 길이 있다. 월정사 일주문에서 사찰 앞 금강교까지 약 1킬로미터에 이르는 전나무 숲길이 중심이다. 예전 사진 자료를 보면 이 숲길 말고도 월정사로 가는 길은 온통 전나무가 줄지어 있었다. 그 가운데 일부만 남아있는 길이 사람들을 고요로 인도하고 있는 것이다. 절로 향하는 주도로가 계곡을 따라 깔끔하게 나있는 데다 오른쪽으로 숲길이 따로 있고 금강교를 건너면 오대천을 따라 숲길이 둘레길을 이루고 있어서 오가는 여정을 지루하지 않게 한다.

거리가 짧고 접근이 쉬운 이 길은 요즘 많은 사람이 걷는다. 길을 잘 다져놓아 편안한데 숲에서 흐르는 작은 계곡물도 있고 새소리도 간간이 들린다. 무엇보다 숲의 바람이 잔잔하게 불어오면 마음이 스르르 풀어진다. 저 앞을 걷는 사람이 맨발로 가고 있다. 나도 그를 따라 신발을 벗고 양말도 벗어 들고 더 느리게 걸음의 속도를 조절한다. "흥, 응, 응~" 나도 모르게 콧소리도 나온다. 그리고 만나는 작은 냇가에 성큼 앉아 발을 담근다. 신발을 벗는 것은 자아를 벗어내는 일이라고 한다. 신발로 상징되는 구속을 벗어내고 자연으로 가는 걸음인가 보다.

맨발, 나는 걷기 동호회를 가끔 안내하는데 옛길인 산길을 걸을 때면 낙엽이 부드러운 소나무 숲이나 평평한 흙길에서 동행들에게 신발을 벗고 땅과 낙엽의 느낌을 즐겨보라고 권하곤 한다. 그런데 사람들은 쉽게 따라 하지 않는다. 다시 신발을 신는 일, 특히 등산화를 신는 번거로움 때문이다. 하지만 권유대로 맨발로 걷는 이들의 걸음은 한결 가볍다. 걷다 보면 벗어서 손에 든 신발이 흔들흔들 춤을 춘다. 그 모습이 평화롭다. 바라보는 나에게 작은 파장이 전해진다.

벗은 신발을 다시 신어야 하는 것이 번거롭기는 하지만 지금 이 순간의 감각에 충실하고, 몸과 마음의 장식 하나를 걷어내는 작은 도전이지만 삶의 자유를 선물한다는 것을 알면, 순간순간 자신을 벗어내는 일을 두려워하지 않을 것이다. 월정사 숲길에서는 신발을 벗는 일이 자유롭다. 누구랄 것도 없이 그곳을 걸으면 마음이 동한다. 한 사람이 시작하면 어느새 둘, 셋 약속한 것도 아닌데 신발을 벗는다. 나를 벗어낸다.

오대산에서 걷기를 본격적으로 하려면 상원사로 오르는 옛길 선재길을 걸어야 한다. 계곡을 따라가며 숲과 물을 보며 마음의 찌꺼기를 씻어내는 길이다. 걷기 길로 다듬어져 있고 셔틀버스도 있다. 노란 마타리, 하얀 개망초…. 그런데 이곳 개망초는 보라색이어서 특별하다. 이름이 무어든 평소에 눈길을 주지 않던 작은 꽃들이 하나둘 눈에 들어오고 마음 안에 차 있던 그 무엇이 조금씩 빠져나가는 느낌에 몸이 가벼워진다. 상원사에 닿으면 다시 비로봉을 넘는 등산로가 있다.

명성이 쌓인 만큼 오대산은 사람들이 많이 찾는다. 그에 부응하기 위해 사찰에서는 음악회도 열고 월정사 템플스테이를 운영하는 등 여러 모양으로 대중을 맞아들인다. 사찰 가는 길은 넓게 포장되어 있고 주차장도 크다. 이런저런 주변 편의시설이 많아졌다. 도로변에는 산채를 주재료로 하는 식당이 즐비하고 나물과 약재를 파는 상점도 많아서 유명 관광지의 모습에서 크게 벗어나지 않는다. 사찰마다 관광지 역할까지 해야 하는 것이 개인적으로는 마뜩잖지만 나같이 불교와 그 문화에 대해 친근감이 없는 사람에게도 활짝 팔 벌려주는 일을 고마워해야 하는 건 아닌가, 상반된 마음이 오락가락한다. 마음의 금을 하나 넘어 오대산의 사찰을 그냥 즐겨야겠다.

내가 오대산 월정사에 비교적 자주 가며 누리는 즐거움 중의 하나가 이 길가의 어느 음식점에서 '산채정식'을 먹는 것이다. 워낙 유명세를 타서인지 식당들은 세련되게 손님을 맞는다. 앙증맞은 작은 접시에 나물들이 아주 조금씩 나오는데 평소 잘 먹기 어려운 나물들이 10여 가지 나와서 보는 것만으로도 행복하다. 음식값은 제법 세지만 후회는 없다. 나물 요리는 자극적인 향신료를 넣지 않고 무치거나 볶는 게 재료 본연의 맛을 내는 것이라고 사찰음식 전문가 선재 스님이 말했듯이 쌉쌀하고 씹을수록 단맛이 나는 나물들의 본 맛이 입 안 가득 전해온다.

월정사 입구 음식점에서 먹는 나물 맛이 스님의 요리는 따라가지 못하겠지만 그래도 덜 자극적인 맛을 내려고 한 산채나물과 된장찌개, 여기에 더해진 굴비 한 조각이 조화로운 밥상이다. 늘 주머니를 터는 가격 때문에 식당 앞에서 잠시 망설이지만 '그래도, 언제 또 오나' 하면서 주문하게 되고 그렇게 먹고 나면 행복해지는 밥상이다.

오대산 '천년의 숲'

광산에
핀 꽃

석탄마을의 대학생과 주민들

"지금 우리가 살고 있는 마을이 사라질 위험에 놓여있습니다. 여기가 어디입니까? 경제개발이 한창 이루어지던 시기에 석탄을 캐서 실어 나르던 고장입니다. 대한민국 산업의 불씨를 만들던 곳이지요. 지금은 환경오염원으로 낙인찍히고, 사람들이 뿔뿔이 흩어져 텅 빈 마을이 돼가고 있습니다. 여기서 무슨 일을 했는지 너무 쉽게 잊혀지고 있습니다. 우리가 살아온 흔적을 남기고 거기에서부터 새로 나아갈 길을 찾기 위해 애쓰신 분들께 감사드리고 이 기록을 토대로 새로운 길을 찾으시고 더 발전하시기 바랍니다."

광산 지역 주민들을 대상으로 추진한 교육을 마치고 인사말을 하는데 경옥 씨가 연신 눈물을 흘리며 나를 쳐다본다. '내가 말을 너무 잘했나?' 슬쩍 스스로에게 감동될 뻔했다. 하지만 아니다. 그들은 울고 싶은데 그 눈물주머니를 내가 살짝 찔렀던 것이다.

한국여성수련원에 근무하면서 태백, 삼척(도계), 정선, 영월 등 광산 지역의 주민들을 대상으로 '한마음 교육'이라는 이름의 주민 교육 프로그램을 3년간 운영하였다. 그 교육은 강원도의 재정 지원으로 추진되는 것인데 광산 지역 주민들의 소통 강화를 목적으로 하고 있으며 내가 근무하기 이전부터 주관해온 것이었다.

바닷가의 시설 좋은 수련원에서 교육을 통해 주민 간 갈등을 풀고 소통하는 것이 기존 프로그램의 목표였다. 하지만 여기에서 한 걸음 더 나아가 지역의 정체성을 강화하고, 소속감을 느끼는 방법이 없을까 고민하다가 지역 주민의 살아온 이야기와 마을의 역사를 주민들에게서 꺼내는 방식으로 진행하여 책으로 기록하면 어떨까 싶어 아이디어를 냈고, 실무진들이 촘촘한 프로그램을 짰다.

참가자 오리엔테이션을 겸한 전체 교육은 수련원에서 하고 이어서 지역별로 모여서 글쓰기 교육을 하기로 했다. 주민들의 반응은 매우 좋았고 그 일로 여러 번 태백, 삼척, 정선, 영월을 드나드는 기회를 얻었다.

어쩌다 여행으로 한 바퀴 돌아보고 신기한 눈으로 살펴보는 것이 고작이었던 광산지역을 가까이 가보니 인구가 줄어들면서 시장이나 마을 여기저기가 휑하니, 온기가 적어 보였다. 한 번은 도계역에서 기차가 지나가는 광경을 보았다. 영동선 열차였다. 경북 영주에서 강릉으로 이어지는 기차에서 젊은 사람들이 우르르 내리는 것이었다. "어, 쟤네들이 왜 여기서 내리지?" 의아해하는 나에게 이 지역 부근에 사는 직원이 강원대학교 학생들이라고 했다. 그렇다. 이곳에는 강원대학교 도계캠퍼스가 있다.

이 산 깊은 곳에 왜 대학이 있을까? 쉽게 이해되지 않지만 눈물겨운 사연의 대학이다. 광산 산업은 쇠퇴하고 인구가 줄어드는 지역을 살리기 위해 대학교를 유치한 것이다. 새로운 것과 화려한 것을 찾아서 도심을 활보할 학생들이 이 산간지대에 와서 공부하기는 쉽지 않아 보이지만 주민들의 관점에서는 동네가 활기를 찾는 데 학교와 학생들이 적지 않은 역할을 하기에 이 지역에서는 대학생들에 대한 각별함을 갖는다. 방학이 되어 우르르 떠나는 학생들을 보면 서운해지고, 또 개학이 되어 몰려오는 학생들은 반갑다. 왠지 자연스럽지 않은 산마을 대학생들을 보고 쓸쓸해하고, 또 웃는 주민들의 마음은 애인이 언제 변심할까 노심초사하는 기분일까, 아니면 곧 헤어지기로 한 부부의 복잡한 마음일까?

광산으로 희망을 키운 사람들

광산 지역으로 가는 길은 산의 몸속을 마구 휘저으며 가는 기분을 갖게 한다. 강릉, 삼척을 지나 태백으로 가는 길은 터널의 연속이다. 대평 – 신기 – 천기 – 상정 – 고사2 – 발이 – 마차…. 도대체 터널이 몇 개나 되는지 세어보려고 낯선 이름들을 되뇌다 보면 금세 잊어버리게 된다. 또 앞으로 갈수록 길옆의 산이 압도한다. 마치 직각의 벽이 내 옆으로 쭉 밀고 올 것만 같이 가파른 산을 양옆으로 세우고 가는 길 역시 터널을 지나는 기분과 별반 다르지 않다. 태백은 지역 평균 해발이 965미터라고 하니 산중에 꽤 높이 올라앉은 마을이다. 이곳은 석회암과 무연탄층이 발달되어 있는 땅으로 석탄 산업의 중심지로서 한국 경제 근대화의 주역을 톡톡히 해냈다.

강원도 남부 지역은 산간 마을이며 탄광 지대를 이루고 있다. 태백, 삼척, 영월, 정선 등지의 탄맥炭脈은 강원도뿐만 아니

마을 주민이 그린 광부 사택

라 우리나라 산업 발전의 주춧돌 역할을 톡톡히 해냈다. 우리나라는 일제 강점기에 전국의 탄맥이 조사되었다. 자원 수탈을 위해 지하자원 조사를 꼼꼼하게 한 것이다. 강원도 지역은 워낙 산간 오지여서 탄광 개발이 늦었다고 한다. 하지만 화력발전소의 에너지원 등 산업 확장과 함께 자원의 절대적인 필요는 강원도 탄맥을 열었다.

1950년 대한석탄공사가 설립되면서 삼척 탄전이 활성화되었고, 여기에 또 석탄을 실어 나르기 위해 1957년 함백선이 개통되는 등 수송망도 갖추어졌다. 강원도 탄광 지역은 이렇게 석탄이 험한 길을 열어준 것이다. 민영 탄광 운영도 활발해져 영월 옥동광업소, 태백 강원탄광과 함태탄광, 도계의 상장탄광 등이 문을 열고 사람들을 불러들였다. 위험하긴 해도 어디 기댈 곳 없는 사람들이 온전히 자신의 노동으로 생업을 이을 수 있는 희망의 일터였다.

이렇게 태백, 정선, 영월, 삼척 등지에는 국영과 민영의 탄광들이 앞다투어 생겨났고 이곳은 '검은 보석의 땅'이었다. 거리는 흥청거렸고 위험이 도사린 만큼 일에 따른 보상도 적지 않았다. 삶과 죽음이 교차하는 곳이었지만 많은 사람을 먹여 살렸고 경제부흥의 기반 산업이라는 자부심도 주었다. 1960~1980년대에는 '증산보국增産報國(탄을 캐서 나라에 보답한다.)' 표어가 탄광의 정문에 내걸리고 '산업 전사'들의 애국을 추동했다.

하지만 석유와 가스 등으로 에너지원이 대체되면서 석탄은 차츰 영광의 자리를 내어주어야만 했다. 1980년대 중반까지 전성기를 누린 탄광은 이후 석탄 산업 합리화 정책이 추진되기 시작했고 광산은 서서히 축소되어 거기서 생업을 누리던 사람들은 일터를 잃어갔다.

탄소를 배출하는 화석연료가 지구 온난화의 주요인으로 평가되면서 이제 석탄과 석탄 산업은 박물관으로 자리를 옮겨야 하는 시간이 되었다. 전성기를 구가하던 광산 도시들은 텅 빈 광업소와 저탄 시설, 그리고 다닥다닥 개천가에 몰려 있던 광부들의 사택들만 을씨년스럽게 남아 지난 시간을 이야기한다. 현재 강원도에는 태백 장성광업소, 삼척 도계광업소, 이 2개만이 남아있다. 이들도 폐광 수순을 밟고 있어서 2024년에는 태백 장성광업소, 2025년에는 삼척 도계광업소가 문을 닫게 된다.

까마득한 시간에 나무들은 땅에 묻혔고, 그렇게 시간을 먹은 나무들이 다시 사람들의 에너지가 되어주었다. 이제 속을 다 파서 사람들에게 내어준 산과 그곳에 기대어 살았던 사람들은 빈자리에 서있다. 새로 가야 할 길을 찾고 있다.

광산 지역 주민들을 대상으로 하는 교육은 4개월에 걸쳐 이루어졌다. 노련한 선생님들의 노력과 주민들의 열성으로 처음 책이 나왔을 때 주민들도 감동했고 교육을 주관한 우리도 가슴이 벅찼다. 책의 이름은《광산에 핀 꽃》이었다. 그 글의 주인공들은 검은 땅에서 환하게 핀 사람 꽃이었다.

이북 황해도가 고향이에요 1·4후퇴 때 아홉 살이었는데 〈국제시장〉 영화
처럼 배 타고 내려왔습니다. (…) 난리통이라 여덟 살부터 열아홉 살까지
초등학교를 다녔어요.
(…) 아버지가 도계광업소 사무계장으로 자리를 잡았으니 "식구들 와라."
이래서 1956년도에 도계로 오게 되었습니다.
–도계 정상현, 《광산에 핀 꽃 1》

아버지가 광산에서 일하게 되면서 도계에서 살게 된 정상
현 어르신은 고등학교 시절 아버지가 쓰러져 대학 진학을 포
기하고 그 후 연탄공장에서 34년 일을 했다.
어릴 적 '이쁜이'로 불려서 이름도 '김이쁜'이 된 어르신은
일찍 어머니를 잃고 열네 살에 집안 어른들의 알선으로 영문
도 모르고 결혼을 하게 되었다. 힘든 결혼생활에 아기 낳고 집
을 나와 경기도 구리 등지에서 식모살이를 하다가 다시 도계
로 와서 묵호에서 생선을 떼다 파는 등 장사를 하다가 석탄공
사의 선탄부가 되었다.

석공에 근무하면서 그래도 먹고살 만하고 그랬던 거 같아요. 경동회사
다닐 때 재바르다고 칭찬을 많이 받았어요. 철 계단 70계단을 치뛰고 내
리뛰고 선탄을 하고 그랬는데 하루는 자는 밤 꿈에 시커먼 계단 사이로

발이 자꾸 빠지는 거래요. '오늘은 참 조심해야지.' 이러고 근무를 하는데 끝물에 10분 놔두고 벨트가 서버리는 거예요. 탄이 밑에 산더미라 청소 하느라 전기가 멈춰 섰는데 그걸 모르고 계속 작업한 거지요. 항내 사람 들이 이틀을 나와서 퍼줬어요.

－도계 김이분, 《광산에 핀 꽃 1》

글을 읽다 보면 '이런 삶도 있구나' 싶은 처절한 생존이 거 기에 있었다. 남녀를 가릴 것 없이 광산에서 일을 하거나 직간 접적으로 광산에 밥줄을 대고 살아온 사람들의 삶은 질기지 만 건강하다. 오로지 자신의 몸으로 살아냈다.

아주 오래전, 광산 지역에서 교사로 근무하는 친구를 만나 러 간 적이 있다. 친구의 집에서 잤는데 아침에 일어나 방문을 여니 산이 코앞에 바짝 있는 게 아닌가? 세상에….

산이 많은 동네에 살지만 이렇게 가까이 산을 본 것은 처음 인 듯 나의 기억에 오랫동안 저장되어 있다. 그리고 그 앞의 냇물, 냇물이 아니라 검은 물이 흐르고 있었다. 아마 그게 광 산을 직접 만난 첫인상인 것 같다. 그리고 또 어느 시인이 진 폐 환자들의 고통을 환기하기 위해 체인을 몸에 감고 처절한 몸짓으로 시위를 하는 뉴스, 또 1980년 사북 동원탄좌 광부들 의 항쟁…. 나에게 있어서 광산 지역에 대한 경험과 정보는 아 주 단편적이고 피상적이었다. 그곳에서 삶을 이어온 분들의 경험을 공유할 수 있는 끈이 없었다. 하지만 이 광산 지역 어르신들의 자서전 쓰기 과정을 운영하면서 그 끈이 생겼다. 그들의 글들을 하나하나 읽으면서 비록 세대가 달라도 어디든 강원도에서 살아온 사람들이 갖는 생활문화의 공감을 발견하였다.

강원도의 역사, 강원도 사람들의 살아온 이야기를 남기고 그 기록을 토대로 지금 우리가 살고 있는 곳에 대한 자부심과 새로운 성장 동력을 찾기 위해 시작한 이 작업은 아주 작은 시도였지만 의미 있었다. 참여한 주민들은 자신들이 살아온 지역을 키워온 힘이었다는 것을 믿게 되었다. 그들의 글에 있는 따뜻함이 그걸 증명하는 듯했다.

'개도 만 원짜리 지폐를 물고 다녔다'는 전설만 남고 황량해진 마을들, 그 마을에서 살아온 분들이 가슴 속에 꽁꽁 묶어 두었던 이야기보따리를 수줍게 펼쳐 보였고 그 이야기는 절대적 가난이 지배하던 시대를 관통하며 끈질기게 살아온 삶의 궤적이어서 읽는 사람들의 눈가를 촉촉하게 했다. 그 이야기를 읽으며 이런 시대가 토대가 되어 오늘의 나, 우리가 있음을 마음으로 확인할 수 있었다.

이 작업을 하면서 가장 큰 감동은 글을 쓰거나 말로 전해준 어르신들의 이야기가 생각보다 밝다는 것이었다. 무엇보다 한 사람 한 사람의 이야기가 꽃처럼 환했다. 그리고 수십 년 살아온 터전에 대한 애정이 매우 컸다. 자꾸만 축소되는 마을에서 새로운 활력을 찾고 여생을 즐길 수 있기를 바라는 마음 간절

지역민의 삶을 담은 자서전《광산에 핀 꽃》

하다. 그래서 우리는 이분들의 삶을 기억하며 그 역사를 바탕
으로 이 땅의 새로운 활력을 만들어가야 한다는 생각이 오래
오래 남았다.

> 우여곡절 많고 드라마 같은 삶을 살았지만 '오늘의 내가 제일 행복한 삶
> 을 살고 있구나.' 그런 생각을 하게 됩니다. 그래서 인생은 끝까지 살아봐
> 야 안다고 하는가 봐요.
> ‒도계 정상현,《광산에 핀 꽃1》

> 열심히 탄가루 먹으며 살았지요.(…)움직일 수 있을 때까지 움직거리면
> 서 사는 게 좋지요. 저는 그렇게 살 생각입니다. 건강에도 좋고 또 산업역
> 군 소리 들으면서 살았으니 다 좋은 일입니다.
> ‒도계 주정호,《광산에 핀 꽃1》

남자도 하기 힘든 일을 하며 딸 셋, 아들 넷 모두 7명의 자식을 키워냈어요. 이제 자식 걱정 안 해요. 큰아들이 잘 안 되어서 아들자식을 키우느라 마음이 좋지 않기는 하지만 자식 걱정 다 내다 버리고 편하게 살려고 해요. 내가 먹을 거 농사지으며 사는 요즘이 즐거워요. 모든 게 다 재밌어요.

-영월 신금연, 《광산에 핀 꽃 1》

탄을 싣고 가던 길, 하늘로 가는 길

광산이 있던 산마을들은 가진 것을 다 꺼내어 주고 껍데기만 남은 어미의 모습처럼 허허롭지만, 오늘을 살아가는 사람들은 이곳을 새로운 희망의 땅으로 만들어내기 위해 치열하게 고민한다. 광산을 이용한 미술관도 생기고, 마을의 거리를 중심으로 이어진 상점과 숙박시설을 리모델링하고 연계해 마을 호텔을 만들기도 한다. 외부인을 불러들이기 위한 관광상품도 고민한다. 새로운 이미지의 마을을 만들어가려는 노력은 때로는 처절하다. 아직 더 많은 변화를 만들어내야 하는 과제를 묵묵히 안고 나아가는 사람들이 있어서 마을들은 변화하고 있다.

산 정상으로 탄을 나르던 길, 운탄運炭길도 요즘 새 옷을 입고 사람들을 맞는다. 해발 700~1,330미터 고도에 산 능선을 따라 나 있는 이 길은 석탄 산업이 활황이던 시절에 탄광에서 캔 석탄을 운반하던 길이다.

1,426미터 백운산의 허리를 휘감아 돌며 함백산 새비재까지 이어지는 84킬로미터의 비포장 길이다. 정선, 영월의 경계가 되는 화절령, 그리고 다시 만항재로 이어진다. 만항재는 정선군 고한읍과 영월군 상동읍과 태백시가 만나는 지점에 위치한 고개로 영월, 정선, 태백이 서로 만나고 헤어지는 곳이다. 만항재까지는 도로가 포장되어 있어서 차를 타고 이 고개를 갈 수 있다. 어떻게 이곳까지 도로가 나있을까 이해하기 어려울 정도로 높은 길인데 야생화가 지천이어서 봄이면 고개의 너른 평지에 하나 가득 화원을 이룬다. 국내 최대 야생화 군락지답게 이곳엔 봄부터 가을까지 벌개미취, 투구꽃, 진범 등 300여 종의 야생화가 꽃을 피운다.

만항재를 지나 울창한 송림을 3시간가량 걸어가면 도롱이 연못과 마주한다. 해발 1,133미터에 자리한 도롱이 연못은 광부의 아픔을 간직한 곳이기도 하다. 이 연못은 1970년 탄광 갱도의 지반침하로 생성됐다. 광부 아내들은 이 연못에 도롱뇽이 살아있는 것을 확인하며 남편의 생사를 가늠했다고 한다. 아름다움 속에 광부들의 애잔한 삶이 담겨있다. 이 길은 요즘 입에서 입으로 전해지며 트래커들의 발길이 이어진다. 구름이 발아래 포근하게 깔리며 백두대간을 바라보는 길은 환상적이다.

하이원리조트는 이 운탄길과 주변 백운산 등산로를 이어서 '하늘길'로 이름 지었는데 전체 코스는 약 40킬로미터이며, 3개의 코스가 있다. 하늘길은 하이원에서 출발하며 길이 이어진다. 하이원리조트에서 출발하여 마운틴콘도에서 하늘 마중 길, 도롱이 연못, 낙엽송 길을 거쳐 전망대와 하이원 컨트리클럽에 이르는 9.4킬로미터 3시간 코스이며 밸리콘도에서 출발해 무릉도원 길, 백운산 마천봉, 산철쭉 길, 고산식물원, 도롱이 연못을 거쳐 하늘 마중 길과 마운틴콘도에 이르는 '10.4킬로미터 4시간 코스'가 가장 많이 이용되는 길이다.

또 강원도에서도 운탄길과 광산 지역 주변의 산길을 연계한 장거리 트래킹 코스 조성을 시작했다. 강원도와 동부지방 산림청, 그리고 폐광 지역 해당 시·군들이 운탄고도와 함께 임도 등을 연결, 총연장 173킬로미터의 트래킹 코스를 조성하고 있다. 영월 청령포에서 시작해 태화산, 망경대산을 지나 정선 두위봉, 만항재, 태백 힐링 숲길, 삼척 미인폭포, 삼척항까지 이어지는 등 강원도 폐광 지역 4개 시·군을 하나로 연결하겠다는 것이다. 자연의 속을 파먹던 일을 멈추고 자연경관의 가치를 키우려는 전환의 몸짓이다.

강원도의 광산은 지금 새로운 꽃을 피우는 중이다.

새로 피우는 꽃 철암 탄광역사촌

지역마다 지난 시간의 영광만 뒤돌아보지 않고 새로 나아가려는 꿈을 키우고 있다. 주민들이 삼삼오오 재생 사업을 벌이기도 하고, 자치단체들도 도시 소멸을 막고 활력을 찾으려고 안간힘을 쓴다. 그 몸짓은 눈물겨우면서 아름답기도 하다.

태백 철암역 앞에는 광부들이 살던 마을을 생활사박물관으로 활용하고 있다. 태백 철암 탄광역사촌이다. 이곳을 지역의 문화예술 공간으로 키워내기 위해 열정을 쏟는 화가 김기동 씨가 그곳에 살고 있다.

강원도 미술협회장을 맡은 적도 있고 작가로서 창작 활동도 활발한 그는 철암을 살리는 일에 발 벗고 나선 사람이다. 2014년부터 지난해 말까지 철암 탄광역사촌 관장을 맡은 그는 지역민 스스로 길을 열기 위한 여러 시도에 늘 앞장섰다.

개천 변에 다리를 박고 세워진 '까치발 집'과 옛 상가들을 중심으로 이루어진 역사촌을 화가들의 레지던시 공간으로 활용하며 주목받는 전시회를 열고 아트 상품도 개발했다.

2019년부터는 도시재생 사업의 하나로 지역 주민과 부대끼며 공간 활성화를 위해 여러 일을 시도했다. 지역민의 살아온 흔적을 기록으로 남기는 일, 그리고 역사가 담긴 공간을 예술적 가치로 재생시키기 위해 다양한 방식의 전시회를 열었고 지역민들에게는 판화를 가르치며 이것을 통해 마을 기록을 남기고 예술에 대한 이해를 넓히는가 하면 플리마켓 형식의 '블랙마켓'을 열기도 했다.

사람들이 다시 마을을 찾아오게 하고 싶다는 열망으로 이곳저곳을 벤치마킹하고 실험을 한다. 그가 갖는 소망은 쇠락하는 광산 지역 주민 모두의 소망이기도 하다.

"태백은 육지의 작은 섬처럼 보입니다. 그리고 철암은 그 작은 섬 옆의 또 작은 섬으로 보입니다. 현재를 책임져줄 수 있는 사람은 아무도 없습니다. 우리의 귀한 자원을 잘 이용하지 못하면 섬은 바다에 잠길 수 있습니다. 철암은 세계적인 장소입니다. 그것이 눈으로 트일 때 철암 세상이란 문화의 꽃이 활짝 필 것입니다."

광산의 시간을 벗어나 예술로 새로운 옷을 입고 지역의 가치를 스스로 발견하고 조금 더 적극적인 마케팅으로 가치를 알려가야 한다는 그의 목소리는 나직하지만 절박하다. 곳곳에서 시작되고 있는 몸짓, 오래된 옷을 벗어내고 새 옷을 입으려고 하는 광산 마을의 봄, 저마다의 색깔과 모양이 조화를 이루는 광산의 꽃을 간절히 소망한다.

태백산 전경

총총한 별이
내 마음에
박힐 때

춘천 승호대의 별꽃

매년 8월, 초여름의 한가운데에서 춘천의 공지천 변에서 공연
예술 축제를 하며 즐긴 적이 있다. 공연기획자, 스태프, 연주
자들이 어우러져 공지천이 내려다보이는 언덕에 있는 야외무
대에서 춤과 음악을 주요 장르로 하는 '춘천아트페스티벌'을
열었다. 축제가 열리던 공간은 당시에는 춘천어린이회관이었
는데 지금은 KT&G 상상마당으로 바뀌었다. 우리나라의 대표
적 건축가인 김수근 선생이 지은 건물은 붉은 벽돌 건물이 두
날개를 편 새처럼 구성되어 있고 건물의 뒤는 야산, 앞은 호수
가 보이는 경관이 매우 아름답다. 특히 야외무대는 두 건물 사
이 뒤편에 자리하며 호수 풍경을 액자처럼 담고 있어 무대의
뒷배경이 따로 필요 없는 명풍경이다. 우리는 이 무대를 전국
적인 명소로 만들고 싶었다. 서로서로 마음이 연결되었다.

그 여름, 간신히 교통비만 주는 무대에 아티스트들은 서울

을 비롯한 전국에서 기꺼이 방문하여 마음을 울리는 음악과 몸짓을 보여주었다. 한 사람씩 자신의 재능을 내어놓아 모두가 즐거운 무대를 만들어보자는, 단순하고 순진한 의도로 시작한 공연 축제였다. 모두 춘천 여행을 한다는 마음으로 모였고, 춘천에 거주하는 팀들도 여럿 참여했다. 우리는 연주가 끝나면 물 좋고 산 좋은 곳에서 즐거운 뒤풀이가 있다는 기대감을 품으며 행사를 준비하곤 했다.

'십시일반'이 우리의 운영 철학이었다. 관객은 수박, 옥수수, 감자 등 소박한 음식을 후원해주곤 했다. 또 축제를 마친 뒤에는 인근의 농원, 휴양림, 캠프장 등이 우리의 2차 축제 장소가 되어주었다.

여름비가 한창 내리는 시기인 8월 초순과 중순을 건너며 행사는 비를 맞으면서도 이어졌고, 한여름 밤의 연주는 밤하늘의 별과 함께 빛나곤 했다. 모기가 종종 괴롭히기는 했지만 여름 밤하늘이 아름다운 배경이 되어주는 무대는 늘 감동이었다. 관객들이 몰리고, 그 열기에 심취해 연주는 무르익었다. 그렇게 축제를 마치고 나면 또 다른 즐거움이 기다리곤 했다. 참여한 예술가와 스태프들이 한데 어울려 그동안의 피로를 풀고 다음을 기약하는 프로그램, 소위 말하는 공연판 뒤풀이인데 인근 자연환경과 어우러지는 곳에서 열리는 이 뒤풀이는 어떨 때는 너무 술을 먹어서 난장판이 되었고, 물속에 들어가 아이들처럼 마구 소리치며 놀다가 경고를 받은 적도 있다. 홍보와 진행 요원의 한 파트로 참여했던 나는 그런 신나는 놀이를 즐기는 성향은 아니지만 예술가들의 자유롭고 맑은 놀이판은 구경하는 것만으로도 즐거웠다. 그리고 그런 경험은 연주자들에게 춘천을 기억하게 했다. 깊은 추억과 감동의 시간을 가진 춘천이 그들에게 오래 남았다.

어느 해인가, 축제가 진행 중에 연주를 끝낸 연주자와 저녁을 함께할 때였다. 갑자기 한 연주자가 오항리에 가겠다고 했다. '오항리…?' 한밤중에 오항리를 가겠다는 것을 의아해하는 일행에게 그는 별을 보러 간다고 했다.

'아! 별.'

오항리는 춘천의 외곽, 화천 오음리와 양구 방향으로 가는 춘천의 끝 지점이다. 우리는 그곳의 폐교를 연수원으로 사용하는 회사의 시설을 빌려 뒤풀이 캠프를 연 적이 있었다. 아마그곳에서 별을 본 적이 있나 보다. 서울 사람인 그는 그렇게 별을 보기 위해, 한밤중에 강원도의 험한 산길로 나섰다.

아트페스티벌에 참여했던 그 첼리스트가 찾아간 북산면 오항리는 크지 않은 마을로 인공 불빛이 많지 않아 별을 보기에 좋은 곳이다. 그런데 그곳에서 조금 더 깊이 들어가면 별 사진을 찍는 사람들 사이에 제법 이름이 알려진 명소가 하나 있다. 승호대.

소양강댐이 생기면서 물이 차올라 길이 막힌 북산면 청평리 산막골이라는 동네가 있는데, 그 마을로 가기 위해서 부귀리에서부터 이어지는 임도林道가 수몰 이후 생겼다. 그 길 중간 쯤 높은 고개가 건봉령이고 여기에 승호대가 있다.

이곳에 서면 먼저 소양호가 한눈에 들어온다. 예전에 춘천 으로 이어지는 길이었던 부청고개가 거의 물에 잠겨 섬으로 떠있고, 옛 모습을 잃은 땅들이 군데군데 소양호의 섬으로 남 아있는 곳이다.

제법 고도가 있어서 소양호가 한눈에 들어오며 마치 바다 에 섬이 떠있는 것 같은 분위기를 담고 있어서 이 광경을 사진 찍는 이들이 많다. 북산면 청평리에 있는 폐교에 거주하던 한 국화가 우안 최영식 씨가 이곳을 넘나들며 경관에 감탄하여 '승호대勝湖臺'라 이름 지었고, 그가 글씨를 써서 마을에서 표지 판을 세운 곳이다. 이 오지 마을을 찾아오는 사람들을 통해 알 음알음 알려진 곳이 언제부터인가 별을 보러 다니는 '별쟁이' 들의 성지가 되었다. 인터넷에서도 승호대를 검색하면 온통 별 이야기가 쏟아진다.

근처에 인가도 없고 불빛 하나 없는 고개인 데다 강 쪽으 로 시야가 탁 트이니 하늘 가득 떠있는 별이 눈에 확 들어오 는 공간이다. 호수와 능선 위로 저마다의 빛깔을 담고 하늘에 떠있는 별들, 이 압도하는 풍광을 담기 위해 사진을 찍는 이들 이 험한 길을 마다 않고 찾아들면서 이들이 찍은 사진을 본 사 람들이 별을 보려고 또 찾아온다. 전문 장비가 없어도, 사진을 찍지 않아도, 별을 보는 일은 사람들의 마음을 설레게 한다.

그렇다고 특별한 시설이 있는 곳도 아니어서 차가 간신히 교행하는 길가 좁은 곳에 차 몇 대만 세울 수 있다.

얼마 전에도 나의 '페친'인 사진작가는 한겨울 추위를 아랑곳하지 않고 이곳에서 때를 기다리다가 여명의 별 풍경을 찍어 페이스북에 올렸다. 여명 빛에서 사라지는 겨울 은하수가 1년 중에 가장 아름답다면서. 승호대는 이렇게 별 사진을 찍는 작가들의 발길이 이어지고 있다.

이곳에서는 3월까지는 금성이 잘 보이고, 4월에는 금성, 토성, 화성이 새벽에 은하수와 함께 빛난다고 한다. 승호대는 낮에는 여러 번 가보았지만 한밤중의 별은 별쟁이 지인들의 사진으로만 보았지 현장에서 육안으로 본 적이 없다. 워낙 깊은 산길이어서 굳게 마음먹지 않으면 가기 어렵다.

이곳으로 가려면 춘천에서 양구 방면 46번 국도로 방향을 잡아야 한다. 추곡약수터 인근에서 오항리로 우회전 진입하고 한참을 가다가 다시 부귀리로, 또 여기서 청평리로 이어진다. 내비게이션에도 '건봉령 승호대'가 안내되지만 인적이 드물고 길이 험해 초행자에게는 만만하지 않다. 봉화산 자락을 휘도는 임도로 한참을 올라야 한다. 늦은 시간이면 가끔 고라니 등 야생동물이 도로로 튀어나오기도 한다.

오항리에서 부귀리로 가는 도로는 늦봄이면 온통 벚꽃으로 뒤덮인다. 길 양쪽으로 환하게 벚꽃이 피어나 그 풍경을 보려고 멀리서도 사람들이 걸음한다. 하지만 낮의 이 화려함보다 더 화려한 밤의 꽃을 보려면 더 깊은 산길로 가는 수고가 있어야 한다. 아찔한 낭떠러지 계곡과 짙푸른 소양강 물이 겁을 주지만 느릿느릿 호흡을 조절하며 나아가면 숨어있던 밤의 꽃들이 환하게 반긴다.

은하수 하면 내게는 자연스레 떠오르는 한 사람이 있다. 나의 직장 선배인데 늘 이야기를 맛깔나게 하곤 한다. 자주 따라다니며 답사나 여행을 하곤 했는데, 지루하거나 힘겨운 상황을 만나도 그걸 단박에 극복할 수 있도록 긍정의 이야기를 잘해주는 분이다. 오래전 그가 들려준 은하수 이야기도 내게 황홀감을 깊이 심어주었다.

고향이 홍천인 그는 여름밤이면 홍천강 가에 나가서 형들이랑 놀다가 그곳에서 잠을 자곤 했다. 그럴 때면 형들이 자기들끼리만 속닥거리며 이야기를 했단다.

"넌 봤니? 저 은하수에서 내려오는 거. 크지도 않은 그게…."

형들을 무얼 보았을까? 잠은 쏟아지는데 그들은 자기네끼리 속닥거린다. 애들을 몰라도 된다는 듯 비밀스러운 이야기를 나눈다. 하늘에서 펼쳐지는 긴 별 무리가 만들어내는 장관, 그 별 사이에서 무언가가 은밀하게 여름 강가로 내려오고 있다니….

그렇게 큰 아이와 작은 아이의 경계에서 형들의 세계로 가고 싶었던 선배는 호기심과 간절함을 담아서 실감 나게 여름

강가 이야기를 들려주곤 했다. 이야기는 상상이 더해져 우리에게 전달되곤 했는데, 그 선배는 DMZ의 생태, 문화를 집중적으로 연구하여 전문가로 이름을 높였고, 지금도 방송에 고정 출연하고 있다. 타고난 이야기꾼은 전쟁의 흔적도 끝없는 이야기로 풀어내며 그 땅의 소중함을 전달한다.

강가에서 그런 잠을 자본 적이 없는 나는 그게 무척 부러웠다. 여름날 한여름의 열기로 돌들은 아직 따뜻할 테고, 하늘에는 별이 쏟아져 내릴 듯한 자연의 침상, 별을 바라보며 온갖 상상을 하는 아이들. 이런 환경이 상상력을 키우고 자연에 대한 이해를 무한히 키웠을 것이다. 안타깝게도 내게는 그런 경

'별쟁이'들의 명소가 된 승호대

험이 너무 적다. 그리고 내 아이는 나보다 더 척박한 도시의 삶을 살아간다. 한밤에도 도처에 조명이 휘황찬란한 도시에서.

별 없는 하늘에서 별을 만난 그 밤

내가 아는 별쟁이 김호섭은 자신이 빠져있는 별 세계로 사람들을 수없이 인도한다.

모 정보통신사 간부로 직장생활을 하던 그는 별에 매혹되어 다니던 직장도 그만두고 별 사랑에 빠져 국내외로 별을 보러 다니더니 몇 해 전부터 춘천시 청소년수련관에 설치한 별 관측소 '별과 꿈'을 운영하고 있다.

밤마다 하늘을 열고 사람들에게 별 이야기를 들려준다. 그 이야기가 어찌나 달콤한지 그의 이야기를 들으면 누구라도 별 세계에 빠져들지 않을 수 없다.

꽤 오래전 그와 함께 춘천시 동면 품걸리에서 별 보는 프로그램을 진행한 적이 있다. 산골 마을 길인 '품걸리 오지 마을 길'을 걷고 숙박하며 밤에 별을 보기로 한 것이다. 프로그램은 한겨울에 진행되었는데 소양강댐에서 배를 타고 40분을 가고 배 터에서 한참을 걸어야 마을이 나오는 품걸리는 꽤 깊은 산골이다. 20여 가구가 살고 있는 소양강댐 수몰지이다.

우리는 이 산골 마을에서 별 보는 일에 엄청나게 흥분해 있었다. 신청자도 몰랐다. 하지만 날씨가 수상했다. 모처럼 잡은 날은 하루 종일 흐렸다. 별은 날씨가 허락해야 볼 수 있는데 내내 하늘은 환한 모습을 보여주지 않았다. 길을 걸으면서도 노심초사하는 나에 비해서 그는 여유로웠다.

"걱정 마세요. 없으면 없는 대로 별을 볼 수 있어요."

하지만 기대가 채워지지 않는 실망감과 사람을 모은 부담은 내내 마음을 조여왔다.

마을 길 걷기를 마친 우리는 옛 품안초등학교를 펜션으로 개조한 곳에 여장을 풀었다. 옛 교실을 침실로 하여 여럿이 함께 잠을 자는 곳이었다. 걷기로 고단했으니 식욕이 절로 난다. 만찬을 즐기고 나서 넓은 교실로 모였다. 어른과 아이 할 것 없이 호기심 가득하니 별쟁이의 입만 바라보았다. 각종 별이 담긴 슬라이드와 함께 그가 쏟아내는 이야기는 무척이나 환상적이어서 우리를 상상의 세계로 확 잡아당겼다. 계절마다 잘 볼 수 있는 별, 별 이름이 생겨난 유래 등… 무엇보다 그가 직접 다녔던 국내외 별 명소의 이야기를 사진과 함께 보여주니 우리는 자연스레 별 세계로 흠뻑 빠져들었다.

그리고 밖으로 나왔다. 하늘은 캄캄했지만 천체망원경을 설치하고 지금쯤이면 볼 수 있는 별 이야기를 하는 그는 진지했다. 우리는 그 어두운 하늘을 보면서도 별을 수없이 담았다. 마음에 총총히 박히는 별들… 저마다의 상상을 담아 흐린 하늘 너머에 있는 별을 만났다.

다음날까지 별을 보지 못했다고 불평한 사람은 아무도 없었다. 그리고 그 뒤, 우리는 그의 이야기에 홀려 그가 운영하는 별 관측소를 향해 자연스레 걸음을 이었다.

야간 관광을 목적으로 하는 경관 조명이 곳곳마다 화려하고, 건물의 불빛이 낮과 밤을 구분하기 어려운 요즘은 별 보기가 쉽지 않다. 아니, 머리를 들어 하늘을 보는 일조차 거의 없는 듯하다. 컴퓨터와 휴대폰을 들여다보느라 목이 굽고, 차를 타고 바삐 다니며 내비게이션만 열심히 들여다본다. 아니면 이곳저곳의 간판 읽기에 바쁘다. 그러다 보니 별은 마치 딴 세상의 존재물이다.

하늘을 향해 고개를 드는 일, 그리고 하늘이 보여주는 그림과 그 그림에 담긴 이야기를 듣는 일은 삶의 폭을 넓히는 일이다. 우주와 나를 마주하며 지극히 작은 내 안의 전쟁들이 참으로 사소해지는 경험을 하게 되는 것, 그것이 별이 우리에게 주는 선물이다.

삶과 죽음을 이어주는 별

건축물이나 인공 설치물이 많지 않던 시절에는 별이 방향을 일러주는 중요한 표식이었다. 성경의 동방박사도 별을 보고 예수의 탄생지 베들레헴으로 왔다고 하지 않은가. 태양이 지나가는 별자리인 황도 12궁(양자리, 황소자리, 쌍둥이자리, 게자리, 사자리, 처녀자리, 천칭자리, 전갈자리, 궁수자리, 염소자리, 물병자리, 물고기자리)을 기준으로 하여 때를 살피고 이에 따라 운세를 점치는 점성술에도 활용했다.

별에 이름을 붙이고 수많은 전설을 만들어왔다는 것은 그만큼 별과 가깝다는 이야기가 아니겠는가? 춘천의 별 관측소가 안내하는 자료에 따르면 봄 하늘은 목성을 보기에 좋으며 사자자리, 목동자리, 큰곰자리가 빛난다고 한다. 여름은 백조자리의 데네브, 거문고자리의 베가(직녀성), 독수리자리의 알타이르(견우성)를 잇는 대삼각형이 장관이라고 한다. 또 이 사이로 은하수가 지나간다고 한다.

가을에는 아직 남아 있는 여름 은하수와 견우·직녀성, 서쪽에 있는 북두칠성과 동쪽에서 떠오르는 카시오페이아를 동시에 볼 수 있고, 페가수스·안드로메다 같은 가을철 별자리가 있다. 또 1년 중 별이 가장 많이 보이는 겨울철이면 1등성들이 빛나는데, 목성이 연중 최적 관측 시기이고 '좀생이별'이라고 부르는 산개성단, 이중성단 등 수많은 별 집단을 볼 수 있다.

이렇게 많은 별 이름 하나하나를 기억하며 별을 보기는 어려워도 별자리 이름과 그 전설 몇 개쯤은 대부분 기억하기에 별을 보면 별자리와 그 이름을 맞춰보려 애쓰게 되고, 별자리를 잘 알지 못해도 언제나 그 자리에 있어서 어디서나 길을 알려주는 북극성 하나쯤은 국자 모양인 북두칠성 끝자리에 위치한다고 배운 것을 되새기며 더듬어보기도 한다.

우리나라에서는 남쪽의 남두육성(궁수자리)은 탄생을, 북쪽의 북두칠성은 죽음을 관장한다는 믿음이 있었다고 한다. 그래서 고대의 무덤에 이 2개의 별자리가 표시된 흔적이 있는데 특히 북두칠성 흔적은 훨씬 많다. 고인돌에도 북두칠성을 표시하곤 했는데, 이것은 영원한 삶을 기원하는 의미이며 죽음을 다스리는 신에게 비는 마음을 담은 것이라고 한다. 망자를 내세로 인도하도록 길잡이를 세우는 것이리라. 옛 장례문화에서 죽은 사람을 7개의 별자리 구멍을 뚫은 칠성판에 누인 것도 이 문화의 흔적이다. 칠성신을 모시는 칠성당이 절의 한 자리를 차지하고 있으니 얼마나 그 습속이 강한지 알 수 있다.

강원도에는 별 명소가 참 많다. 그것은 자연이 본모습으로 존재한다는 의미일 것이다. 문명과 떨어져 있는 곳, 그중에서도 산언덕 같은 높은 지대에서는 별이 제빛을 드러낸다.

일상에서 날마다 만나는 건물과 건물의 벽, 방과 방 사이의 벽, 늘 시야에 무언가 가로막는 장애물을 두고 사는 우리는 나도 모르게 바다나 하늘처럼 시야를 넓게 터주는 곳을 그리워한다. 그곳에서 만나는 별은 어느새 목과 어깨가 굽어있는 우리의 등을 슬그머니 잡아당기며 시선을 위로 향하게 한다. 거기엔 하늘이 있고, 자신의 리듬으로 움직이며 빛을 내는 별이 있다. 그리고 그 별들 사이에 내가 조용히 빛난다. 나도 별이 된다. 아주 작지만 내 빛으로 살아내며 우주의 한 공간을 만들어가는 내가 있다.

내가 아는 화가는 도시의 살림을 정리하고 춘천 외곽으로 이사를 갔는데, 이사 간 지 얼마 안 되어서 집으로 가는 길을 잃었다고 한다. 사위가 캄캄한 밤길, 집을 찾아가지 못해 헤매던 그 작가는 요즘 별만 그린다. 그 어둠을 이겨내게 한 것이 별인가 보다. 그리고는 성큼 우주로 나아갔다. 종종 어린 왕자와 대화를 하고, 그걸 그림으로 보여준다.

하늘 가까이 올라 만나는 별들의 세상

강릉 안반데기

고랭지 배추로 유명한 강릉 안반데기 마을은 감자꽃과 배추 풍경만으로도 사람들을 유혹하지만 깊은 밤에도 사람들의 발길을 이끄는 별 명소로도 널리 알려져 있다.

고원이기 때문에 인공 불빛이 거의 없고 시야를 가로막는 건물도 없다. 이곳에 서면 사방으로 드넓은 배추밭 풍경이 시선을 압도하며 탄성을 자아내게 한다. 해발 1,100미터 고지의 탁 트인 전망은 자연스레 하늘을 가까이 만나게 한다. 배추의 풍경은 8~9월이 장관을 이루지만 이곳의 밤 풍경은 사계절 누릴 수 있다.

마을 꼭대기에 전망대가 있지만 장기간 폐쇄되어 있어서

접근하기 어렵다. 하지만 시야에 장애물이 거의 없는 마을 어디서나 별을 쉽게 볼 수 있다. 마을에서 운영하는 숙소를 이용하면 숙박을 하며 오랫동안 별을 볼 수 있는데 요즘은 '차박'을 하며 별을 보는 사람들도 늘어났다. 별을 관찰하는 망원경 등 특별한 시설이 있는 것은 아니어서 육안으로 별을 보며 이 넓은 공간에 오로지 별과 내가 어우러지는 감동에 휩싸이게 된다. 밤하늘의 별, 그중에서도 은하수가 하나 가득 담긴 하늘 장관은 그저 입을 벌리고 하늘로 시선을 고정하며 모든 것을 정지시킨다.

하늘 아래 내가 홀로 있고, 이 엄청난 별들이 나를 비추고 있다는 착각을 하며 행복감을 가득 채울 수 있을 것이다. 어디 별뿐인가. 석양 무렵 산 능선으로 붉은 기운을 남기며 지는 해도 '장엄함'이라는 단어를 저절로 떠올리게 한다.

청옥산 육백마지기

정선아리랑에도 나오는 산, 청옥산은 평창과 정선을 품 안에 담고 있는 산이다. 해발 1,256미터의 고원이다. 정상에는 고원의 바람을 이용하는 풍력발전소가 있어서 시선을 빼앗는데 이 이국적인 풍경을 찍기 위해서도 사진작가들이 꾸준히 발걸음을 한다.

강원도의 특산물인 곤드레나물이 많이 나오는 산인데 산 중턱에 용수골계곡, 회동계곡이 있고, 이 가운데 회동계곡 위

울산바위와 은하수

© 김호섭

가 '육백마지기'이다. 청옥산의 한참 위쪽에 있는 이 평지는
예전 화전민이 땅을 일구어 살던 곳이다. 산속의 평평한 땅이
니 농사가 제법 되었다.

600마지기(1마지기는 벼 한 말을 뿌려서 쌀을 수확하는 논 넓이 단
위)의 농사를 지었다는 것을 이름으로 증명하고 있다. 이곳도
고랭지 배추와 무를 재배한다. 해발 500~800미터에 자리한
마을 이름은 '깨비마을'로 도깨비 전설이 전해진다.

하인들을 못살게 구는 부자를 괴롭혔다고 전해지는 도깨비
설화가 있고 이 이야기를 이용해 깨비마을 축제를 열고 있다.
마을 체험장과 캠핑장 등 외지 관광객을 위한 여가 시설이 있
는데 별 보기 좋은 곳으로 입소문이 나면서 캠핑장이 인기를
얻고 있다.

쏟아져 내리는 별 세례를 흠뻑 받는 육백마지기는 비포장
길을 마다하지 않고 별을 보기 위해 찾는 이들이 많은 별 성
지이다. 캠핑 문화가 확산되면서 단출하게 차박을 하며 일몰,
별, 일출을 감상하는 '차박족'의 순례지이기도 하다.

영월 별마로천문대

영월은 각양각색의 박물관이 자리하여 지역 브랜드를 높이
고 있다. 동강사진박물관, 김삿갓문학관, 인도미술박물관, 조
선민화박물관 등 20여 개의 박물관이 저마다의 개성을 자랑
한다. 최근에는 설치미술을 중심으로 구성된 복합문화공간

'젊은달와이파크'가 핫플레이스로 떠오르고 있다.

영월군은 별마로천문대를 박물관 영역으로 넣어 홍보하지만 망원경으로 하늘을 보는 천문대는 박물관과는 조금 다른 성격일 텐데, 아마도 문화시설 영역으로 분류하기 위한 편의일 것이다.

강원도의 많은 산과 그 산 위에서 바라보는 별, 더 나아가 망원경으로 가까이에서 별을 만나는 곳은 그 어느 시설보다 고고한 분위기를 담고 있다.

별마로천문대는 별의 정상(마루)이며 고요한 곳(고요할 로)이라는 의미의 '별마로'라고 이름 지었고 2010년 10월 13일 개관했다. 봉래산 정상에 자리한 천문대는 눈으로 보기에도 제법 큰 규모인데 국내 최대 규모라고 한다. 별을 관측하기 좋은 위치라는 해발 799.8미터에 자리하고 있다. 이곳은 날씨가 맑아서 연간 196일간 별을 관측할 수 있는데 이는 우리나라 평균 관측 일수인 116일보다 많다고 한다.

산 정상에 있어서 굽잇길을 꽤 한참 올라야 닿을 수 있으며 예약을 해야 별을 볼 수 있다. 전망 좋은 이곳에서 석양이 질 때 보는 영월의 모습이 가장 아름답다고 한다.

별 관측은 천체 투영기가 있는 방에서 시작된다. 돔 형태의 지붕에 계절마다, 위치마다 자리하는 별 모양을 비추면서 별 이야기가 시작되면 벌써 별이 마음 깊숙이 담긴다. 그 마음을 담고 4층 관측실로 서서히 옮겨가면 드디어 천정이 열리고 하

늘이 보인다. 천체망원경으로 해와 달, 그리고 별을 손에 만질
듯 느끼는 시간이다.

목성, 토성, 화성 등 별 이름을 되새기며 이름을 잊지 않으
려 애쓰다 보면 어느새 윤동주의 시 〈별 헤는 밤〉을 중얼거리
게 된다. 어쩌면 이곳을 걸음하면서부터 이 시를 마음에 담았
을지도 모른다.

별 하나에 추억과/ 별 하나에 사랑과/ 별 하나에 쓸쓸함과/ 별 하나에

동경과/ 별 하나에 시와/ 별 하나에 어머니, 어머니.(…)

화천 조경철천문대

화천군 사내면에 위치한 광덕산. 경기도와 이어지며 아름
다운 경관을 자랑하는 해발 1,010미터에 별을 전문적으로 관
찰할 수 있는 천문대가 자리한다.

'아폴로 박사'라는 별칭을 갖고 미디어에 자주 나와서 별과
우주 그리고 외계인에 대한 상상도 불러주었던 조경철 박사
의 이름을 붙인 천문대이다. 우주에 대한 인식이 그리 높지 않
은 시절 많은 사람에게 우주와 외계인에 대한 상상을 불러일
으켰던 분이다.

화천에서 천문대를 건립하는 과정을 지켜보며 많은 조언을
해주었는데 2014년 완공을 보지 못하고 세상을 떴다. 그래서
안타까운 마음을 담아 그의 이름을 넣어 천문대가 만들어졌다.

광덕산 조경철천문대

　우리나라 천문대 중 가장 높은 곳에 위치하여 별 보기에 최적이라고 자랑하는 이곳은 별마로천문대와 마찬가지로 일반인에게 개방되는 시민 천문대이다. 일반인의 별 관측뿐 아니라 별 사진을 전문으로 찍는 전문가들이 출사를 자주 하는 장소이다.

　광덕산은 등산 코스로도 애용되는 곳인데 등산로 중간에 천문대가 있다. 천천히 산길을 걷고, 별도 보는 느린 여행을 시도해볼 만한 장소다. 천문대에서 망원경으로 별을 보는 것, 또 밖에서 육안으로 보는 별, 그 어느 것도 마음에 박히지 않는 것이 없다.

묵호등대를
만나면
길을 찾는다

바다에서 만나는 나

일상이 고단하고 마음이 길을 잃을 때 사람들은 바다에 가고 싶어 한다. 삶의 대부분을 사방이 뼁 둘러 산이 보이는 분지 안에 살고 있는 나는 바다에 가는 일이 연례행사쯤 된다. 큰맘 먹고 떠나야 한다. 유년기에는 손에 꼽을 만큼 드물게 바다에 간 것 같다. 초등학교 시절 인천으로 간 수학여행은 비릿한 냄새와 맥아더 장군 동상 말고는 생각나는 게 없다. 아마 바다에는 가까이 가지는 않은 듯하다. "인천 앞바다에 사이다가 둥둥···." 이런 코미디를 듣고 자랐지만 사이다가 뜬 인천 앞바다는 못 보았다.

중학생이 되어서 '바다를 지키는 용감한 해군'인 외삼촌을 만나러 간 남해의 진해는 섬들이 너무 많아서 수평선이 아득한 바다는 아니었기에 기대만큼의 큰 감동은 없었다. 단지 진짜 바닷물이 짠지 의구심을 가지며 물맛을 보았던 기억과 우뭇가사리 콩국수를 신기해하며 먹은 기억이 있다. 그리고 삼촌이 수공예로 만들어준 엄청 큰 군함 모형을 먼 기차여행에도 고이고이 모셔서 무사히 집에 가지고 왔고, 이후에는 그 모형을 바라보며 군함이 떠다니는 먼바다를 상상하곤 했다. 일상이 아니었던 바다는 묘한 환상이자 그리움의 대상이었다.

우리나라 사람들은 국내 여행지로 제주를 가장 선호한다. 바다를 건너 섬으로의 이동은 일상과 멀리 떨어져 나왔다는 느낌을 강렬하게 주기 때문이 아닐까 싶다. 강릉, 속초, 고성 등 강원도 바다 지역이 그다음으로 인기가 있다. 평소 자주 접하지 못하는 풍경을 만나면서 느끼는 감정은 다양하겠지만 바다가 주는 위안은 특별한 것 같다.

바닷물이 깊어 바다색도 짙은 동해, 그곳은 바람도 거세다. 바닷바람은 머릿속을 한바탕 휘저어놓곤 한다. 무언가 쓸려나가는 기분이 들기도 한다. 그보다 더 강하게 다가오는 것은 파도. 파도의 강도는 자칫 목숨을 잃을 만큼 위협적이다. 때때로 온 속을 뒤집어놓는 듯 몸을 뒤척이곤 하는데 그 몸짓을 바라볼 때면 겁이 더럭 나기도 하고 저 바다처럼 나의 속도 한바탕 뒤집혀 정화되면 얼마나 좋을까 하는 심정으로 바라보게 된다.

이렇게 바다는 사람을 끌어들이는 힘이 있다. 거친 파도가 치는 바닷가에 서서 한참을 바라본 적이 있는데, 하마터면 그 바다로 그대로 들어갈 뻔했다. 빨려 들어가는 것 같은 기운이 압도하는 것이었다. 반대로 바다는 잔잔하면 잔잔한 대로 조

먼바다로 향하는 배

용히 나를 다독이는 듯하다. 고요한 바다를 보면 그 넓은 물이 나를 씻어주고 달래주는 것 같은 마음이 천천히 스며온다. 일정한 리듬으로 반복적으로 움직이는 파도 모양과 소리는 미묘한 파장을 지니고 있다.

  고속도로를 타고 후다닥 바다에 몰려가서 소리치며 모래 위를 마구 뛰어다니고 난 뒤 바다가 보이는 횟집에서 회를 먹거나, 커피 한 잔을 누리는 감상, 그것도 '일상탈출'이라는 잠시의 위안을 주지만, 그보다는 홀로 바다와 직면하며 나와 이야기를 나눈다면 훨씬 더 깊은 소리를 들을 수 있다. 그리고 그 바다는 뒤죽박죽인 감정도 다 들어준다. 그리고 비밀을 지킨다.

묵호등대

시야 범위를 벗어나는 넓은 바다를 조용히 바라보면 자신의 존재가 한없이 작아지면서 마음 가득했던 찌꺼기들도 더없이 작아지고 소멸하는 것 같은 느낌이다. 그러다 보면 내가 어디에 있는지 갑자기 무중력 상태에 놓인 게 아닌가 하는 혼란의 감정이 솟아오를 때, 멀리 흰빛이나 붉은빛을 띠고 서있는 키다리 등대를 보게 되면 그 등대가 내 마음의 길도 이끌어주는 듯 안도가 느껴지며 슬그머니 그 곁으로 발걸음을 옮기게 된다.

배의 길잡이인 등대는 바닷가마다 자리하고 있는데 강원도의 등대 중 오랜 역사를 가진 것으로는 주문진등대와 묵호등대가 있다.

해양수산부가 선정한 등대 문화유산 12호인 주문진등대는 일제 강점기인 1918년 3월에 건립된 것으로 강원도에서는 첫 번째로 세워졌다고 한다. 부산과 원산항 사이를 오가는 연락선이 운항하면서 주문진항이 중간 기항지로 사용되었고, 그로 인해 등대가 세워졌다. 남과 북을 오르내리는 배들의 길잡이가 되었던 주문진등대는 15초마다 반짝이는 불빛이 37킬로미터 거리의 바다를 비춘단다.

등대는 빨간 등대와 하얀 등대가 있는데 각자 일러주는 방향이 다르다. 흰 등대는 바다에서 항구 쪽을 바라볼 때 등대의 왼쪽이 위험하니 오른쪽으로 가라는 의미이고 빨간 등대는 왼쪽으로 가라고 방향을 일러준다고 한다. 둘 다 바다색과 대비되어 눈에 확 들어온다.

고성에서 삼척까지 강원도 바닷가 마을의 크고 작은 등대들, 이 가운데 문화적 가치와 관광 자원화를 위해 해수부가 위탁 운영하는 등대로는 고성의 대진등대, 속초등대, 묵호등대가 있다. 바다의 등대가 생활자원에서 관광자원으로 변신하고 있는 것이다.

하지만 항구마다 자리하고 있는 등대, 그 어느 것 하나 그 마을의 이야기를 품지 않은 곳이 있을까….

나는 그중에서도 묵호등대를 가장 많이 가보았다. 유명세가 있어서 사람들의 발걸음이 많은 곳이지만 묵호와 가까운 강릉에 살면서 문득문득 마음에 이끌려 가곤 했다. 가는 길, 또는 돌아오는 길을 해안 가까운 쪽으로 향하면 항구마다 등대를 만난다. 배가 있는 곳은 등대가 있다. 등대가 배를 돌보는 것이지만 찬찬히 보면 마치 서로에게 의지하는 게 아닌가 하는 생각이 든다. 배가 존재해야 등대가 있으니 말이다. 서로를 필요로 한다. 누가 먼저인지 잊은 채.

망상을 지나고 대진항, 어달항을 거쳐 가다 보면 작은 항구에 모여 있는 배, 그리고 도로변에 마치 빨래를 널 듯 오징어를 비롯한 생선이 드문드문 널려 있는 해안을 만난다. 낡은 풍경이지만 푸근하다. 사람들의 바다에 대한 동경 때문인지 곳곳마다 작은 펜션들도 자리하고 있다. 바닷가 가까이 있다는 것만으로 집들은 사람들에게 오랜 감성을 불러온다. 그리고 흐린 불빛과 단순한 디자인으로 레트로 감성을 불러일으키는 카페들도 요즘은 빠지지 않는 바닷가 풍경이다. 그보다 더 오래 해안가 마을에 자리해온 것은 음식점들이다.

유명 관광지는 아니지만 해안 어디인들 사람들의 발걸음이 닿지 않는 곳이 없으니 음식점도 가지가지다. 크고 작은 횟집은 물론이고 성게비빔밥과 성게칼국수, 곰치국, 거기에 짬뽕집까지 맛집에 이름을 올리며 자리하는 음식점들이 바다와 어우러지며 눈길, 발길을 잡는다. 특별한 맛집을 찾지 않아도 길을 걷다가, 아니면 차를 타고 느리게 가다가 멈추는 어디든 마음의 허기와 몸의 허기를 채울 수 있다. 하지만 최종 목적지 묵호는 더욱 특별한 분위기로 오랫동안 그곳에 머물게 한다.

묵호를 향한 걸음이 쌓일수록 등대에 대한 감성을 넘어서 지역민들의 삶을 한 걸음씩 더 가까이 들여다보게 된 것은 나에게 큰 수확이다. 새로운 삶을 읽을 수 있었고 시선을 넓힐 수 있었으니….

처음 묵호등대를 갈 때만 해도 소설가 심상대(마르시아스 심)

의 〈묵호를 아는가〉라는 조금 직설적인 제목의 소설이 먼저 떠올랐다. 그 지역민의 삶을 담은 소설은 작가를 알린 대표 작품인데 그때까지는 작품을 읽지 않아서 어렴풋이 내용을 기억할 뿐이었다. 그래서 더 많은 상상과 호기심을 품었는지도 모른다. 나에게 묻고 있었으니까. 어디 그뿐인가. 많은 작가가 해변으로 이어지는 동해안 7번 국도 이야기를 쓰며 묵호와 묵호등대를 노래해왔기에 묵호등대는 막연한 동경의 공간이었다.

묵호. 푸른 바다에 왜 먹 묵墨 자를 썼을까 궁금해지는데, 바다도 검고 몰려드는 새 떼도 검어서 묵 자를 썼다고 관광 안내에 쓰여있다. 그런데 바다 마을에 묵 자가 들어가는 곳이 종종 있는 걸 보면 검은 바다가 바닷가 사람들에게는 더 강한 인상을 주는가 보다. 하긴 바다가 밤에는 캄캄함이 너무 강해서 한없이 막막해지는 마음을 갖게 하는 걸 느낀 적이 있으니….

묵호항의 사연은 참 길다.

묵호항의 역사는 일제 강점기까지 거슬러 올라간다. 묵호항은 삼척에서 나오는 무연탄을 실어 나르기 위해 1931년부터 항이 축조되기 시작하여 규모를 키워갔는데, 1940년 동해북부선의 개통으로 인해 항구에서 철도로 물자 수송이 가속화되었다. 항구는 작은 어촌 마을이었는데, 1942년 강릉군 망상면 묵호읍으로 승격되면서 항구 마을의 규모를 갖추었다고 한다. 일제의 물자 수탈 기지였던 묵호항은 이후 산업화 시기를 맞으면서 활기를 띠게 된다.

삼척의 시멘트와 양양의 철광석, 동해안의 수산물을 수출하는 항구로서 크게 발전하였는데, 1979년에는 산업기지 개발구역으로 지정되면서 집중적인 투자가 이루어져 5만 톤 이상의 배가 접안할 수 있는 항구 시설을 갖추었다. 강원도 내에서 생산되는 무연탄을 선박으로 운송하는 산업항이며 오징어배가 드나드는 어항으로 유지되어 왔다.

소설가 심상대는 고향 묵호를 배경으로 한 소설 〈묵호를 아는가〉로 이름을 알렸다. 자기의 경험이 잘 녹아있는 글은 사람들에게 깊은 감동을 준다. 그에게 묵호는 '비린내'와 '술과 바람'의 항구 도시이다. 전국에서 사람들이 모여들었던 묵호항을 이야기한다.

작은 어촌이었던 묵호가 사람들의 입에 오르내리기 시작한 것은 어항으로서보다는 산업항으로서의 역할 때문이었다. 산업의 기초가 되는 석탄과 시멘트가 운송되던 항구는 흥청거렸을 것이고 사람들의 땀 냄새가 물씬 풍기는 살아있는 항구였을 것이다. 지금 묵호항은 그런 북적거림은 없다. 항구가 있고, 어선들이 즐비하지만 옛 흔적들을 관광자원으로 하며 관광객을 기다린다. 가장 대표적인 것이 묵호등대와 논골담길. 항구의 역사만큼 등대와 마을의 역사도 길다.

등대는 1963년 6월 8일 설치된 것으로 기록되어 있다. 지금의 등대는 2007년 새로 건설되었고 이후 높이를 더 올렸다고 한다. 묵호등대는 꽤 높은 언덕에 있다. 그래서 더욱 그 존재

묵호등대

가 돋보인다. 그리고 그 등대를 품고 있는 마을에 논골담길이
있다.

비린내와 땀 냄새가 밴 논골담길

등대가 있는 언덕 마을은 이제 관광지가 되어있고, 그 언덕 골
짜기 가운데 사람들이 살지 않던 유휴지 도째비골에는 짜릿
한 감성을 부르는 스카이전망대가 세워져 있다. 이곳을 찾는
관광객들은 예전 부두 언덕에 어민들이 살던 마을을 관광자
원으로 재구성한 논골담 마을을 흥미로운 시선으로 돌아본다.
　논골담길은 등대 방향으로 오르는 4개의 코스가 있다. 그곳
에는 더러 사람들이 살지만 옛 삶이 벽화로 그려져 있고 오래
된 가옥과 어우러진 조형물, 안내판, 포토존 등이 곳곳에 자리
한다. 또 카페와 공예 상점들도 이곳을 찾는 관광객을 맞고 있
다. 가끔 '사람이 살고 있어요'라는 문구에 골목과 집을 기웃
거리던 발걸음이 머쓱해지곤 한다. 삶이 구경거리가 되어있
는 사람들은 얼마나 불편할까 미안하기도 하고 지역과 밀접
한 관광은 이렇게 남의 삶을 들여다보는 일이구나 하는 마음
으로 애써 호기심 어린 눈길을 거둔다.
　언덕 꼭대기에 덕장이 있었기 때문에 그곳까지 생선을 이
고 지고 나르면 물이 흥건해지는 것이 마치 논바닥 같다고 하

여 '논골'이라는 이름이 붙여졌다고 하니 그 이름에서부터 질 퍽하고 진득한 이 마을 사람들의 삶이 묻어난다. 오징어나 명태를 지게에 지고 가는 사람, 오징어와 양말이 함께 줄에 널린 그림, 그리고 주막의 풍경 등 곳곳의 사실적인 벽화가 이곳에서 삶을 풀어놓았던 사람들의 목소리를 대신한다.

언덕에 계단식으로 만들어진 작은 채소밭, 용변을 보는 아이가 조형물로 들어서 있는 '푸세식' 변소, 무엇보다 가파르기 그지없는 언덕길…. 찬찬히 들여다보면 삶의 고단함과 더불어 그 삶을 단단히 쥐고 자식의 공부에 '올인'했을 개발 시대의 아버지, 어머니들의 집요함과 헌신이 보이는 듯하다. 그래서 논골담길은 지역의 역사를 잘 담은 곳이며 가벼이 구경꾼으로 돌아다니면 안 될 것 같은 엄숙함이 느껴진다.

이런저런 복잡한 마음으로 걷다 보면 마지막으로 등대에 다다른다. 묵호등대는 1968년 상영되어 화제를 모았던 영화 〈미워도 다시 한번〉의 촬영지였으며 이 외에도 등대와 논골담길을 배경으로 많은 드라마가 촬영되는 등 각종 미디어에 등장하며 동네의 지명도를 높였다. 어디 어디에 이곳이 나왔다는 사실을 알리는 홍보 표지판도 간간이 배치되어 있다. 시니컬한 마음으로 표지판을 읽지만 그러는 사이 머릿속에 각인되고 있다. 뭐든 드라마가 촬영되었다는 사실이 이곳의 가치를 은근하게 높이고 있다.

바다는 푸르고 그 바다를 마주하고 있는 등대는 흰 빛깔이다. 바다로 향한 사람들의 길잡이인 등대. 등대를 바라보면 왠지 외로움이 배어있는 듯하고 도도함이 느껴진다.

멀리 나간 배들이 길을 잃을까 제 모습을 한껏 높이 보이려고 애쓰며 서있는 것 같다. 그러면서도 '여기야' 하는 손짓으로 길을 안내하는 모습으로 느껴지는 건 등대의 본래 속성을 학습하고 있기 때문일 텐데 삶에서 길을 잃고 유랑을 떠났을 때 만나는 등대는 내 삶의 이정표 역할도 해줄 것 같은 기분이 든다.

등대 안으로 들어가 맨 꼭대기까지 오르면 묵호 바다가 파노라마로 펼쳐진다. 배들이 아주 작게 놓인 바다와 더불어 멀리 두타산, 청옥산 등이 보이고 동해 시가지가 한눈에 들어온다. 확 트인 시야가 눈을 밝게 하면서 마음도 뻥 뚫리는 기분이다. 바다는 하늘과 잇닿아 있고 사방이 열려있는 공간은 환상의 공간으로 다가온다. 마음은 저쪽으로 멀리 날아간다.

바다, 산, 마을이 어쩌면 이렇게 선명하게 다가오는지 사람을 압도한다. 가끔 등대 주변을 어슬렁거릴 때면 그 등대가 내게 말을 걸거나 어떤 사인을 보낼지도 모른다는 상상을 하곤 했다. 주문진, 옥계, 망상, 묵호 마을의 등대들… 바다를 떠나온 뒤에는 가장 그리운 모습이기도 하다.

등대까지 돌아보고 다시 내려와 어판장과 시장으로 들어가면 길가의 관광객을 위한 음식점과는 다른 시장통 할머니가 끓여주는 곰칫국이 있고, 입에서 입으로 전해지며 명소가 된 생선구이 집들이 여럿 있지만 시장은 이미 문을 닫은 곳, 쇠락하여 영업을 하는지, 안 하는지 알 수 없는 곳들로 스산하다. 개발 시대 석탄과 시멘트를 실어 나르고 어업이 활기를 띠던 항구는 국내 최대 무역항으로 자리하고 있는 이웃 동해항과 더불어 호황을 누렸다는데, 지금은 산업이 쇠퇴하고 인구가 줄면서 관광지로서 그 명성을 간신히 잇고 있다.

이 바닷가 마을은 사람이 사는 동네, 누군가의 구경거리가 아니라 이웃이 어울려 서로를 돌보며 살아가는 삶의 현장이 갖는 온기를 점점 잃고 있다. 비단 묵호뿐이 아니라 강원도 바닷가 마을은 이렇게 옛이야기를 팔며 오늘을 버틴다. 제 수명이 언제까지일지 불안해하면서 말이다.

나 또한 묵호등대의 유명세에 끌려 첫 발걸음을 했지만 이후 인근 마을에 살게 되면서 이곳으로 자주 산책을 왔고, 묵호시장에 있는 음식점에서 밥 약속이 있을 때면 놓치지 않고 등대마을에 들르곤 했다. 회, 물회, 생선구이, 곰칫국, 곳곳에 맛집이 있어서 더 자주 갔는지도 모르지만 이곳을 향한 발걸음이 쌓일수록 마을 관광 안내로만 읽던 묵호항 주민들의 삶이 서서히 내 안으로 다가왔다.

바다는
여성일까,
남성일까

바다를 달래는 해신당공원

자연은 사람의 예측을 넘어서는 경우가 많다. 한동안 우리는 자연도 사람들이 다스리고 관리하는 대상으로 생각했다. 인공으로 비와 눈도 만드는 세상이니 그게 맞는 말인가 하는 생각을 한 적도 있다. 하지만 요즘의 자연현상을 보면, 그런 오만도 없다. 아주 큰 오만이다. 자연을 거슬러 마구 만들어낸 에너지와 자원의 낭비는 우리에게 부메랑이 되어 재앙으로 다가와 있고, 미래세대에게 예견되는 어려움은 공포스럽고 미안하기도 하다. 굳이 미래를 들먹이지 않더라도 빙하가 녹아내려 해수가 높아지는 데다 날씨 이변이 잦아지는 등 날마다 이상 징후를 체감하고 있지 않은가. 여기에 더해서 코로나 팬데믹까지 맞은 지구는 곳곳이 심한 몸살을 앓고 있다.

오래전 바닷가에 살던 사람들, 바다를 생계 터로 삼고 살았던 사람들은 육지보다 더 험난한 바다에서 목숨을 담보로 살아갔다. 바다의 기상이변은 어부들의 삶과 죽음을 가르는 위협이었다. 그런 탓에 자연에 대한 경외심이 크고 각종 금기, 속설이 많다. 그래서 매년 정월 대보름에는 바다의 용왕신에게 안전과 풍어를 비는 제사를 지냈다.

해서낭제, 뱃고사, 용왕제, 용왕굿 등의 민간신앙이 전해지는데 그중에서 해서낭제는 바닷가에 있는 서낭당에서 풍어와 안녕을 비는 제의로 마을마다 지내는 서낭(성황)제의 하나이다. 강원도의 바닷가에서 만날 수 있는 서낭으로는 삼척 해신당, 강릉 안인진리 해랑당, 주문진 진이서낭 등이 전해오는데 여성 신을 봉안한다는 것이 특징이다.

이 외에도 바다에 떠내려온 여성의 화상畵像을 서낭당에 모셨다는 강릉 심곡의 설화도 있다.

삼척에는 여성황신을 모시는 해신당이 공원으로 조성되어 있다. 거친 바다를 달래기 위해 여성성을 이용하고 있는데, 오랜 민속을 관광자원으로 활용하다 보니 이상하게 변형되어 있다. 바닷가에 있던 서낭당을 확장하여 공원으로 조성하면서 남성의 성기를 상징하는 조형물들을 여기저기 전시하고 있다.

모양은 천차만별이다. 성기 일부분만 확대한 모양에서부터 다른 모형과 조합되어 더욱 기묘한 형상을 하는 조각품, 어떤 조형물은 슬그머니 웃음 짓게 하는 재치 있는 것들도 있다. 예술과 외설이 한 끗 차이라는 말을 실감하며 공원을 돌다 보면 공원을 둘러보는 사람들은 무슨 마음으로 조형물을 볼까 궁금해진다. 내 시선보다는 타인의 시선에 마음이 쓰이는 것은 조형물을 보는 마음이 자유롭지 않다는 것이다. 너무 많이 치장되고 확대된 것들의 빈곤함을 생각하며 공원을 돌면서 사진을 몇 장 찍는데 그 행동도 왠지 거북해진다.

공원에는 어촌민속관이 있는데 배의 종류, 해녀의 모습, 삼척 지역의 민속 등을 보여주는 전시관과 함께 성性을 소재로 한 전시관이 있다. 토우의 성적 표현 등 우리나라의 성과 연관된 민속 조형물을 비롯해 세계 각국의 성적 표현이 담긴 조형물들을 전시하고 있다. 전시물들은 민속을 담은 것들이긴 하지만 한 바퀴 돌고 나면 무엇이 남을까 생각하면 생각이 좀 복잡해진다.

사람들의 호기심에 부응하여 관광 콘텐츠를 만들다 보니 어촌 마을에 전해오는 끈끈한 삶의 이야기 안에 성과 연관된 이야기만 강하게 부각되어 있다는 것에 답답해진다. 어촌 민속도 조금 더 다듬으면 사람들이 마음을 충분히 얻을 것 같은데 구성을 보면 성을 소재로 한 전시물이 압도하는 것 같다. 건립 당시 여성계의 반대 여론이 있었지만 그럴수록 사람들은 더 관심을 갖게 되는 현실을 보면 성적 호기심은 집요하다.

바다에 인접한 언덕은 경치도 좋고 너른 공간이 여유롭게 산책하기에 좋다. 솔숲 끝 언덕에 자리한 해신당, 이 공원이 생기게 한 원천인, 남근을 제물로 바치는 곳이다.

전설의 주인공인 애랑의 영정이 있고 제물이 진설된 곳은

해신당

소박하다. 사당 안에도 나무로 깎은 남근이 흰 실과 한지에 묶여서 매달려 있다. 그렇게 과하지도 않고 음란스럽지도 않은, 오랜 이야기 속의 그것이다. 사당은 숨어있듯이 공원 한끝을 차지하고 있는데 여기저기 널브러져 있는 남성의 상징들, 누가 주인공이고 누가 조연인지 묻지 않을 수 없다.

바닷가에 소박하게 존재하며 바닷가 사람들의 애절한 바다 생활 이야기를 전하던 사당이 남근의 전시장으로 바뀌어버린 곳에서 민속은 무엇일까. 곰곰 생각해본다.

생명의 위협을 받는 곳에는 유난히 속설도 많고 금기도 많다. 또 삶이 애절한 만큼 생명을 이어가는 근원인 성과 연관된 이야기도 많이 전해진다. 그걸 바라보는 시각을 어떻게 가져야 하는지 혼란이 일어난다. 삶의 기저를 이루는 성적 욕망과 표현을 이해하고 받아들이는 태도가 조금 더 포용적이었으면 좋겠다.

바다는 해상 교류가 이루어지고 전쟁과 정복을 통해 지배자의 영토를 넓히는 공간이지만 일상을 살아가는 지역민들에게는 생활의 공간이다. 어패류를 채집하여 살아가는 바닷가 사람들에게는 생명을 담보하며 수산물을 수확하는 생산의 공간인 것이다. 바다 환경에 대한 과학적인 지식과 장비가 없던 시절의 바다는 매 순간 죽음의 공포를 안겨주는 곳이었다. 풍성한 먹을거리를 제공하지만 그만큼의 대가를 치르게 하는 바다는 바다 사람들의 숙명이었다.

해신당의 애랑 초상화

그래서 바닷가에는 어디에나 바다에 나갔다가 목숨을 잃은 사람들의 이야기가 남아있다. 함께 고기를 잡으러 갔다가 풍랑을 만나 지역의 남성들이 모두 생명을 잃어 제삿날이 같다거나, 바다에 나간 사람을 기다리다가 돌이 되어버렸다는 이야기…. 해신당도 이런 설화가 담긴 곳이다.

혼인을 약속한 애랑과 덕배, 어느 날 이 둘은 해초를 따러 바다에 간다. 덕배는 애랑을 배에 태우고 나가서 해변에서 조금 떨어진 바위에 애랑을 두고 다른 곳으로 갔는데 갑자기 심한 파도가 몰아치면서 애랑이 바다에 빠져 죽는다. 그 이후 애랑의 원혼 탓인지 고기가 잡히지 않았다. 그래서 이 마을에서는 정월 대보름이면 남근을 깎아 매달고 제사를 지냈다고 한

171

다. 바닷가에 사당을 짓고 제사를 지내며 원혼을 달랬다. 해신당 앞 바다에는 애랑이 갔다가 화를 입었다는 전설이 전해지는 바위섬이 있다. 설화가 실화가 되는 순간, 그 섬을 보며 안타까운 마음이 일어난다.

바다를 달래는 일은 바닷가 마을의 큰 관심사겠지만 누가 그 바다를 관리하거나 풍랑의 한 자락이라도 막을 수 있겠는가? 하지만 삼척에는 바다를 달래는 비를 세워 거친 조수를 다스렸다는 전설 같은 이야기가 있다. 조선 현종 때 삼척의 부사 미수 허목이 건립했다는 척주동해비陟州東海碑이다. 삼척항이 바라다보이는 육향산에 있는 이 비는 높이 170.5센티미터, 너비 76센티미터, 두께 23센티미터로 조선의 명필로 알려진 허목의 글씨가 전서체로 씌어있다.

허목이 삼척부사로 재임하고 있는 동안 심한 폭풍으로 마을까지 바닷물이 들어와 큰 해를 입었다. 이에 동해를 예찬하는 노래를 지어 비를 세웠고 그 결과 바닷물이 잠잠해지고 바닷물이 이 비를 넘어오지 못했다고 한다. 이렇게 바다의 조수를 물리친 비여서 '퇴조비退潮碑'라고도 부른다.

瀛海漭瀁 바다가 넓고 넓어

百川朝宗 온갖 냇물 모여드니

其大無窮 그 큼이 끝이 없어라

東北沙海 동북은 사해여서

無潮無汐 밀물 썰물이 없으므로

號爲大澤 대택이라 이름했네

−〈동해송東海頌〉 중에서

명필 허목의 명성과 맞물리며 바다를 달래 바닷물이 덮치는 것을 막았다는 전설을 만든 이 비는 영험함을 얻기 위해 많은 이들이 탁본을 해갔다고 한다. 바다는 그만큼 힘을 갖고 바닷가 사람들의 삶을 좌지우지했다.

바닷가 사람들은 누군가의 한이 쌓이면 일이 꼬이고 화를 입는다고 생각한다. 그리고 바다 신에게 풍어를 이루게 해달라고 기원하는 바닷가 제사는 지금도 행해진다. 동해안의 마을이 관리하는 해수욕장에서는 개장을 앞두고 고사를 지낸다. 동네 유지들이 제관이 되어 제사를 집례하고 주민들이 함께 절하고 음식을 나누어 먹는다. 무언가 안전장치 하나쯤 한 것 같은 안도감일 것이다.

내가 살던 강릉 옥계의 옥계해수욕장도 매년 개장을 위한 제사를 지냈다. 마을 방송이 나가고, 사람들이 백사장으로 모이면, '아, 드디어 여름이구나. 사고가 없이 잘 운영되어야 할 텐데…' 하는 간절함을 함께 품으며 이어지는 동네잔치에 참여하곤 했다.

뉴미디어에 메타버스로 새로운 세상이 열렸지만 바닷가 제사 풍경은 나름 엄숙하고 간절하다. 이런 민속을 어떻게 더 멋

해신당공원 조각상

지게 변용시켜야 하는지 고민해볼 일이다.

동서양을 막론하고 바다를 여성성을 가진 것으로 보는 사례가 많다. 그래서 거친 바다를 가라앉히려면 남성적 기운이 필요하다고 생각하는 것이다. 삼척의 해신당 유래도 이러한 인식에 기반한 설화이다.

바다의 거친 파도를 보면 왜 바다를 여성성으로 이해하는지 이해하기 힘들다. 기상을 예측하기 어려운 환경에서 주로 남성들이 작업을 하기 때문에 역설적으로 부드러운 여성이기를 희망한 것일까? 또는 폭풍우에 시달리며 그 날씨를 변덕스러운 여성으로 보는 인식 때문일 수도 있다. 태풍의 이름을 여성으로 했다가 남성과 여성으로 번갈아 하는 것도 근래의 일이니 말이다. 이 모든 것이 남성적 관점이다.

바다를 인간의 성적 특징으로 이해하는 방식이 여러 갈래이기는 하다. 그리스 로마 신화에는 남신과 여신이 동시에 존재하는데, 같은 바다의 신이어도 남성은 거친 역할을, 여성은 이를 보조하는 부드러움으로 상징된다. 그리스 신화의 바다의 신 포세이돈은 남성이다. 파도를 일으키고 지진을 일으키는 사나운 신이다. 그런가 하면 바다의 여신 도리스는 바다의 풍요로움과 관대함을 상징한다. 로마 신화에서는 넵투누스와 살라키아가 남신과 여신이다. 성역할이 분리되어 있는 신화는 중심이 남자에 있고 여성은 상대적이다. 오랜 남성 중심의 사회가 만들어낸 신화는 이제 다시 써야 하지 않을까?

깨지고 있는 바닷가의 금기

대상에 대한 인식은 그 시대를 살았던 사람들의 인식 범위 안에 있다. 바다의 속성은 다양하지만 해신당에서 만나는 바다와 그 바다에서 한이 서린 존재는 여성이며, 이 한과 갈등을 풀기 위해 여성성과 남성성이 조화를 이루어야 하고 그로 인해 평화가 이루어진다는 생각은 우주적이고 생산적이다. 그런데 지금의 우리에게는 남근숭배 사상으로 덧칠되면서 가벼운 눈요깃거리가 되고 있는 것이 못내 아쉽다.

남성의 활동력에 의지해 살아왔던 시대의 민속 유산은 참 많다. 아들을 낳게 해달라고 바위를 바라보며 빌었다는 '아들바위'는 산간 지역이나 바다, 어디든 우리의 민속으로 남아있고, 대가족제도 속에서 대를 이어가는 아들에 대한 소망은 여러 모양으로 우리 삶에 자리한다. 치열한 생존장인 바다에서는 더욱 그런 관습이 심하다.

여성은 배에 태우지 않는다는 금기사항이 있고, 조업을 나가는 어부 앞에 여자가 지나가면 부정 탔다고 조업을 나가지 않았다고 한다. 쥐가 배에서 내려 육지로 올라오면 태풍이 일 징조, 또 생선을 뒤집어 먹으면 배가 뒤집힌다고 믿는다든지, 고기잡이를 다녀온 사람과 고기잡이 때 쓰인 도구는 살생에 참여했기 때문에 부정하다고 생각해 부정이 낀 사람은 아기가 탄생한 집이나 잔칫집에 가지 않는 금기도 있다고 한다.

바다에 나가 어업을 할 때 날씨가 어떻게 바뀔지 감지해야 하는 등 위험이 상존하는 곳에서 사는 사람들이 매사 조심하기 위해 믿어온 금기들은 지금 하나둘씩 깨어지고 있다. 무엇보다 과학의 발달로 일기예보의 정확도가 높아졌고 첨단 장비들이 늘어나면서 안전성이 높아진 것이 원인일 것이다. 또 어업에 종사하는 인구가 줄어들다 보니 여성을 외면했던 어업에도 현실적인 변화가 이루어지며 여성들이 참여한다. 부부가 함께 하거나 가업을 이은 여성 어부가 종종 방송에 등장한다. 바다의 삶도 진보하며 오랜 관습들이 하나둘 사라지고 있다.

바다의 노래는 신음이다

고성에는 파도와 싸우면서 고기를 잡는 어부들의 삶을 담은 소리가 전해진다. 강원도 무형문화재 27호인 '고성 어로요漁撈謠'이다. 노래라기보다는 함께 힘을 모으기 위해 주고받는 소리이다. 명태를 잡으면서 그물에 미끼를 담아 물밑으로 내리는 설망 소리, 배 올리는 소리, 배가 바다에 나가 명태를 낚시나 그물로 잡아 올리는 소리 등 명태잡이 과정에서 어부들이 하는 소리로 선창과 후창이 이어지고 또 명태를 셀 때는 독창을 한다. 선창자가 그때그때 흥에 따라 노랫말을 만들고 소리를 하면 다른 사람들이 후렴을 따라 부른다. 또 멸치를 잡을 때 하는 '후리질 소리' 등이 있는데 모두 서로 힘을 합쳐 일을 수월하게 하기 위해 하는 소리다.

"배겨라, 세게 배겨라(빨리 그물을 놓자)", "어사 어사, 지어사"(그물 당기는 소리) 등 선율은 단순하고 힘을 모으는 데 집중한다. 이런 후리질 소리와 함께 미역 따기 소리도 있다고 한다.

농촌 지역의 소리보다는 단조하고, 힘을 돋우는 소리이다. 함께 일을 하며 서로에게 힘을 돋아주는 소리, 그것은 어쩌면 신음일지도 모른다. 그 신음을 넘어서 에너지로 승화된, 팽팽한 탄력의 소리이다. 강원도 바닷가의 이 소리에는 투박하고 건실한 사람들의 삶이 녹아있다.

전설이 되어
동해를 지키는
신라 장군 이사부

신라 장군 이사부

강원도는 산이 많은 땅이지만 바다라는 또 다른 넓은 영토를
갖고 있다. 동해다.

동해는 바닷가에 터를 이루고 사는 사람들에게 무한의 땅
이다. 너른 바다는 사람들의 출구이며 더 나은 내일을 만드는
희망의 공간이다. 사람들은 바다가 품은 풍성한 어족자원을
찾아 위험을 무릅쓰고 배를 탔다. 요즘은 바다도 내 것 네 것
으로 가르고 분쟁을 한다. 우리나라도 북한, 일본, 중국과 늘
신경전을 벌이고 있고, 원양으로 나아가려 해도 어족자원 보
호 사업 등 그에 상응하는 일을 해야 권한이 주어진다. 육지
에 비해 위험도가 높지만 바다는 어류뿐 아니라 다양한 해양
자원을 품고 있다. 해양 석유와 가스 생산이 활기를 띠고 있고
해양 심층수를 비롯해 각종 해양 미네랄의 활용 등 생물, 광
물, 에너지 활용과 공간 활용 등 바다에서 얻을 수 있는 자원

의 가치는 날로 확대되고 있다.

바다에서 더 널리 나가고 바다 건너의 새로운 땅과 문물을 교류하는 일은 땅의 한계를 넘어 새 영역을 개척하는 일이다. 그래서 사람들은 위험을 무릅쓰고 바닷길을 열었다. 그 길은 그들에게 부를 안겨주기도 하고 새로운 시대를, 새로운 권력을 안겨주었다. 동해는 지금 이사부의 이야기를 기반으로 바다 영토를 확장하려는 꿈을 키우고 있다. 먼 역사에서 꿈의 가능성을 찾고 오늘의 관점에서 바다로 나아가기 위해 꿈틀거린다. 바닷가에 위치한 강원도의 지역마다 해양자원을 활용한 산업 확대를 경쟁적으로 벌이고 있다.

그 가운데서 삼척은 오래전 바다 영토를 주름잡았던 한 사람의 이야기를 시작으로 바다로 나아가는 기상을 키우고 있다. 그는 신라 장군 이사부이다. 우산국(울릉도)을 정벌하여 나라의 영토를 넓히며 위상을 든든히 했다. 삼척 지방의 옛 땅 실직주悉直州의 군주였던 이사부가 지증왕 6년 우산국을 점령했다는 기록이 있다. 우산국 정벌로 지금의 강릉 지역까지 아우르는 하슬라주何瑟羅州의 군주가 되었다는 그는 이 지역의 신화로 전해지며 바다의 꿈을 키우는 사람들의 이정표가 되었다.

삼척의 바다는 그렇게 오랜 이야기를 품으며 바닷가 사람들의 삶의 터전이 되었고, 근대에는 산업을 키우는 희망의 부두로 사람들을 끌어안아 주었다.

부두에 정박한 배

바다는 도전이다

삼척은 경상도 지역과 경계 짓는 강원도의 동쪽 끝자락이다. 삼척과 잇닿아 있는 경상북도 울진이 예전에는 강원도 땅이기도 했다. 삼척을 중심으로 아래로는 경북 청하와 흥해, 위로는 강릉 옥계 지역까지 이르는 공간이 고대국가인 실직국이 존재했던 것으로 기록되어 있다. 해상 교역이 활발했던 지역이었다고 한다. 그만큼 바다를 거점으로 생활을 이루어갈 수 있는 지역이었다는 의미일 것이다.

〈독도는 우리 땅〉 노래 덕에 신라 장군 이사부는 많은 이들에게 알려져 있다. 이사부는 신라 지증왕 때인 505년 군현제가 시행되면서 이곳으로 부임하여 동해안 영토 확장과 해상의 영역을 넓히는 데 큰 역할을 했다. 학자들은 신라 시대에 이곳이 동해안 진출의 전진기지였다고 한다. 특히 512년 지금의 울릉도와 독도를 점령한 것이 가장 큰 성과로 평가되는데 나무로 사자를 만들어 울릉도를 위협했다는 그의 무용담은 삼척, 울릉도 등에서 전해진다. 삼척 지역에서, 그리고 강원도에서 이사부를 주목하는 것은 바다의 중요성을 인식하며 해상 주권 확장에 주력했기 때문이다.

바다는 막힌 곳이자 열린 곳이다. 많은 이에게 바다는 땅이 끝나는 곳이고 망망한 바다 너머를 막연하게 꿈꾸는 공간이지만 바닷가 사람들에게 그곳은 삶의 현장이다. 바다로 나아가 삶을 낚아야 하는 곳이다. 파도와 풍랑에 생명의 위협을 받으며 나아가는 곳, 그것은 두려움이지만 또 새로움이기도 하다.

그래서 이곳 사람들은 이사부를 역사에서 꺼내어 기억하려 하는 것이 아닐까 생각한다. 담대하게 나아간 무훈을 표본 삼아 우리도 두려움을 떨쳐내고 바다로 나아가야겠다는 결의를 다지는 것인지도 모른다. 바다를 거점으로 어업을 하고 해상 무역과 해외 교류를 하는 것은 땅으로만 영토를 삼는 제한된 생각에서 벗어나 바다를 활동 거점으로 삼아 더 멀리 나아가려는 도전이다.

그래서 강원도는 동해를 거점으로 러시아, 중국, 일본 등과 교류를 시도하며 바닷길을 넓히기 위해 끊임없이 애쓰고 있다. 사실 우리나라는 삼면이 바다로 되어있으면서 바다를 적극적으로 활용하지 못한다는 비판이 있다.

삼척에 가면 이사부 사자공원이 있다. 또 매년 이사부 축제가 열린다. 이사부의 꿈은 장보고, 이순신 등으로 이어졌다. 그리고 오늘의 사람들이 그들을 기억하려는 몸짓은 바다를 깊이 알아가고, 바다를 새롭게 찾아갈 수 있는 영토와 길로 인식하며 더 널리 나아가려는 꿈을 키우는 출발점이다.

남해에는 이순신, 서해에는 장보고가 있다면 동해에는 이사부가 있다는 것이 삼척 지역의 자부심이다. 바다는 보이지 않는 것을 찾아가는 도전이다.

삶의 터전이자 희망인 바다

7번 국도와
관동팔경 유람

분단의 맨얼굴 통일전망대

대한민국의 맨 끝자락 고성에서부터 동해안을 따라 7번 국도가 있다. 고성에서 부산까지 이어지는 길, 그 길을 따라 걷기 길인 해파랑길이 생기기도 했다. 이 길의 출발점은 부산광역시 중구라고 한다. 이곳에 도로의 시작점과 경과지, 종착지를 표시한 도로원표道路元標가 있는데 경상남도와 경상북도, 강원도를 이을 뿐 아니라 원래는 함경북도 온성군 유덕면까지 이어졌다. 지금 분단의 땅에서는 고성까지만 가는 길이다.

한반도의 등을 이루고 있는 태백산맥을 넘어야 하는 내륙의 험한 산길을 비껴 바닷가 쪽 남북으로 이어지는 길, 그래서 곳곳에서 바다를 만날 수 있다. 이 길은 물류도 이동하지만 바다를 낀 풍광의 아름다움 때문에 오래전부터 문학의 소재로 자주 등장하곤 했다.

길은 지나치는 것들의 이야기를 남긴다. 또 바다와 나란히 하며 난 길 부근에 조성된 마을 곳곳을 경유하면서 사람 냄새를 실어 간다. 그렇게 달리다 멈추는 곳이 고성의 해안선. 그 끝에 우리 민족의 비극인 휴전선이 있다. 가로로 그은 분단선을 넘어 세로로 이어진 긴 선을 따라가면 금강산을 만날 수 있는데 앞으로 더 나아갈 수 없는 길은 처연하다. 민간인 통제선 구역까지가 지금 우리가 갈 수 있는 마지막 땅이다. 남과 북의 군사분계선, 그리고 그 선을 기준으로 남과 북으로 각각 2킬로미터가 비무장지대이다. 또 비무장지대로 가기 직전의 땅은 군부대 주둔 등 군사적 용도로 사용되고 있어서 일반인들에게는 출입이 제한되는 민간인 통제선이 있다. 통제선 안은 제한적으로 거주하는 주민과 허가를 받은 사람들만 들어설 수 있는 땅이다. 왜 이렇게 금이 많은지, 금지된 선들의 의미와 한계를 곱씹어본다.

고성의 끝자락에서는 이 민간인 통제선 안으로 들어가 북쪽을 바라볼 수 있는 통일전망대가 있다. 요즘은 이 안에 걷는 길도 생겨서 사람들의 발길이 이어진다. 서에서 동쪽으로, 동에서 서쪽으로 민간인 통제선 부근을 걷는 'DMZ 평화의 길'이 생겼는데, 경기도 강화에서부터 고성까지 휴전선을 따라 조성되어 있다. 그중 고성에는 통일전망대 – 해안전망대 – 통진터널 – 남방한계선 – 송도전망대 – 통문 – 금강산전망대로 이어지는 길이 있다. 예전 북으로 가던 해안 길의 일부를 개방한 것이다. 자유로운 왕래는 아니지만 북쪽 가장 끝으로 걸을 수 있다는 것만으로도 가슴 설레는 일이다.

보통은 통일전망대까지가 일반인이 접근할 수 있는 지점이다. 이곳도 민통선 안에 있기 때문에 통일안보공원에서 출입신고를 하고 가야 한다. 전망대로 가기 전 DMZ박물관도 들러볼 만하다. 전쟁으로 인해 사람들이 밟지 않는 땅, 그러나 전쟁의 잔해가 곳곳에 있는 DMZ에 대한 이해를 쉽게 할 수 있도록 전시관이 구성되어 있다.

외관도 묵중함으로 다가오는 박물관은 전쟁의 기록들이 마음을 무겁게 하지만 이곳에 서식하는 동식물들을 소개하는 자연사 전시는 평화가 무언지 묻는다. 경계가 없이 살아가는 동물과 식물들, 사람들이 들어가지 못하기 때문에 보존되고 있는 이들을 보면 사람과 자연의 관계를 다시 돌아보게 한다. 자연을 바라보는 시선, 사람 중심의 자연에 대한 이해가 만들어놓은 폐해를 생각하기 시작하면 생각이 너무 많이 나가는 걸까. 그래도 '자연스럽다'는 말의 의미가 체감된다.

전망대에서 북쪽을 바라보는 마음도 아리다. 산과 바다. 북쪽의 땅으로 눈을 가늘게 하고 바라보다가 다시 망원경에 눈을 붙이고 기웃거리는 땅, 아득한 금강산 언저리가 아쉽다. 이곳에서는 날씨가 잘 도와주어야 북쪽을 멀리 볼 수 있다.

해금강이 먼 풍경으로 다가오고 낙타 모양의 구선봉이 가까이에 있다. 그리고 그 아래는 '나무꾼과 선녀' 전설을 담은 호수 감호가 보인다. 소설가 박상우가 "해원을 향해 아우성치듯 달려 나가는 속 깊은 산의 울음소리"를 들었다는 말무리반

도도 보인다. 내 상상력은 작가의 그것에 미치지 못해 감성을 온전하게 느끼지는 못하지만 해금강으로 이어진 능선의 굴곡은 삶의 기복을 보여주는 듯하다. 마치 말의 형상을 한 이 능선이 더 내닫지 못하고 바다로 잠기는 모습은 복잡한 생각을 갖게 하며 시선을 한참 머물게 한다. 작가는 거기서 세상의 끝을 본다고 했던가. 그러나 그것이 시작점이라는 것도 작가는 이야기하고 있다. 여기서 무엇을 시작해야 하는가? 현재 남한의 끝 지점, 그러나 북한이 시작되는 지점이라는 현실 공간의 의미 외에도 삶에서 만나는 끝이 다시 시작하는 시간이라는 것을 깨닫게 하는 곳, 통일전망대는 그 이야기를 하고 있다.

통일전망대

북으로 달리는 기차

산이 바다로 내달으려는 욕망을 담고 있다면 우리는 북으로 더 가고 싶은 욕망을 이곳에서 확인한다. 철도와 차로가 고성에서 북쪽으로 이어져 있지만 갈 수 없는 현실과 직면하는 여기에 서면 멀리 있는 금강산은 아쉬움이지만, 북으로 내달리는 길은 한없는 안타까움이다. 오래전 남북교류로 금강산이 개방되었을 때 이 길을 따라 금강산 관광을 다녀왔으나 기억은 까무룩 하고 언제 저 길을 다시 갈 수 있을지 막막하기만 하다. 내가 그곳을 갔다 온 사실마저도 환상일까 하는 의구심을 갖게 된다.

남북 간의 평화 분위기는 심한 외부의 힘과 정치 바람을 타고 늘 휘청거린다. 몇 해 전부터 남북의 길을 잇자는 논의가 있었다. 평창 동계올림픽을 남북 화해 분위기 속에서 치렀고, 남북 정상이 만나는 빅뉴스가 만들어진 뒤부터 길을 이어야 한다는 당위성이 커졌고 그 기운이 꿈틀거렸다. 그 때문에 금강산 관광의 길목이라는 이득을 한동안 누렸다가 위축되어 있는 고성은 다시 술렁였다. 그도 잠시, 정치가 출렁이며 길은 다시 멀어졌다. 이 막힌 땅, 고성은 이제나저제나 노심초사하며 길이 열리기를 고대하고 있다.

우리나라가 북한 노선의 철도 공사 지원을 한 적이 있는 동해북부선이 남북교류의 신호로 최근 재개를 시도하였다. 남쪽과 북한의 끊어진 노선을 이어서 한반도와 유럽을 잇는다는 원대한 꿈을 담고 시작한 일이다. 부산에서부터 시작하는 기존의 동해남부선, 그리고 이 동해남부선과 연계하여 삼척에서부터 북한의 안변까지 이으면 여기에서 나진-두만강을 넘어 유럽까지 이어질 수 있다는 것이다.

동해북부선 구간 중 강릉에서부터-주문진-양양-간성-제진까지만 이으면 이 꿈에 한 발 더 다가가게 된다. 제진역은 고성군 현내면 사천리, 민통선 안에 있다. 지금은 잊혀진 이 역은 다시 기차 소리가 들리고 사람들이 오르고 내리는 꿈을 품고 있다. 새로운 길이 아니다. 한때는 북에서 남으로, 남에서 북으로 오르내리던 철도로 금강산으로 이어지는 외금강역과는 101킬로미터 거리라는 이 역은 금강산 관광이 진행될 때 운행되던 동해선 도로의 남북출입사무소가 있던 곳이기도 하다. 남북 도로 연결을 위해 정부가 동해북부선 건설 계획을 세웠지만 꽤 오래 머뭇거리다가 2022년 1월 초 간신히 착공을 했다. 여전히 남북의 분위기는 냉랭하지만 또 기다림의 끈을 잡는다. 이 상징적인 사업에는 시민의 힘을 보태는 운동도 벌어지고 있는데 나도 '(사)희망래일'이 추진하는 침목 놓기 운동에 참여하였다. 그래서 내 생애에 이 기차를 타고 러시아를 가서 시베리아 횡단 열차를 타고, 유럽까지 가는 날을 꿈꾸어 본다. 고성의 끝자락은 절망을 딛고 다시 희망을 키운다.

무거운 마음을 내려놓고 고성에서부터 남쪽으로 방향을 틀

남북의 길

어 내려가면 가는 곳마다 명승이다. 마음이 확 풀어진다. 명파 해수욕장에서 시작해 화진포 - 거진해수욕장 - 송지호 - 봉포 항 - 대포항 - 낙산 - 주문진항 - 경포해수욕장 - 정동진 - 옥계 해수욕장 - 망상해수욕장 - 묵호항 - 동해항 - 맹방해수욕장 - 장호해수욕장….

이름을 다 대기 어려울 정도로 바다에 몸을 담글 수 있는 해수욕장과 휴식 공간, 그리고 항구들이 줄을 잇는다. 이 바닷 가 발길 닿는 어디든 아름답지 않은 곳이 있을까. 길을 가다 멈추면 바로 그곳이 힐링 포인트다. 부산까지 이어지는 해파 랑길도 마음먹고 내딛기 시작하면 차를 타고 갈 때는 느끼지 못하는 마을 마을의 소박함과 건강함, 그리고 여행자를 위해 설치한 시설들이 반긴다. 캠핑 문화가 확산되면서 여름철뿐 아니라 겨울에도 사람들이 머물며 쓸쓸한 듯, 명징한 겨울 바 다의 맛을 즐긴다. 여러 가지 색깔과 향기로 다가오는 동해다.

관동의 오랜 명소가 갖는 매력

해변 곳곳마다 사람들의 발길이 이어지지만 동해에서는 오랜 명성을 얻어온 관동팔경의 멋을 먼저 들여다보아야 한다. 관 동, 대관령의 동쪽, 그중에서도 바닷가의 명풍경을 볼 수 있는 포인트들이 관동팔경이라는 이름으로 전해온다.

고성의 청간정淸澗亭, 강릉의 경포대鏡浦臺, 고성의 삼일포三日浦, 삼척의 죽서루竹西樓, 양양의 낙산사洛山寺, 울진의 망양정望洋亭, 통천의 총석정叢石亭, 평해의 월송정越松亭이 동해안의 으뜸 풍경으로 일컫는 팔경이다. 월송정 대신 흡곡歙谷(강원도 통천군에 속했던 조선 시대 행정구역)의 시중대侍中臺를 넣는 경우도 있다고 한다. 지금은 군사분계선 위쪽인 고성 삼일포와 통천 총석정, 그리고 경상북도에 속해있는 울진의 망양정, 평해(울진) 월송정은 예전에는 모두 강원 지역이었다.

신라 시대에 화랑들이 이곳에서 놀았다는 이야기도 전하고 특히 정철의 〈관동별곡〉으로 더욱 유명해졌다. 어디 정철뿐이겠는가. 금강산과 설악산 여행을 하거나 삼척, 강릉 지역의 관리로 부임했던 사람과 그 지인들은 대관령을 넘어 바닷가 좋은 풍경을 찾아다니며 풍류를 즐기고 글을 남겼다. 또 정조의 명으로 금강산을 그린 단원 김홍도는 관동 지방을 두루 다니며 관동팔경들을 사실적으로 그려냈다. 그의 그림 속 관동팔경은 고즈넉한 바다와 언덕들이 담겼을 뿐만 아니라 바닷가 마을과 어부들의 모습도 함께 보여주고 있다. 자연과 사람이 어우러지는 풍경이 진경이다.

조선조 17, 18세기에는 여행을 하고 기행문을 쓰는 유행이 사대부 사이에 크게 일었다. 그중 강원 지방, 특히 관동 지방의 기록이 많은데 그 덕에 영동 지역의 관동팔경은 한층 주가를 올렸다.

높은 언덕, 정자에 올라 주변을 바라보고 그 풍경을 노래한 사람들, 그들은 권력을 유지하기 위해 끊임없이 벌어지는 갈등의 긴장, 때로는 그 정쟁에 밀려 귀양을 하거나 은둔을 하며 시류를 벗어나는 자유로움, 때로는 외로움을 조용히 읊조렸다. 너른 바다, 숲, 그리고 한적한 마을 초가에서 피어오르는 저녁연기, 강이나 바다에서 고기 잡는 어부의 한가로움이 마치 선경으로 느껴지며 속세를 떠나있는 자유로움을 느꼈을 것이다. 그렇게 그들은 자연과 자신을 조화시키면서 그 안에서 일치의 감정을 느끼거나 자연의 풍광에 자신의 마음을 담아내며 위로를 받았다.

경치를 보는 것은 세상에서 잠시 떨어져 나오는 일탈이고 관조이다. 더욱이 높은 곳에서 세상을 내려다보는 시선은 기존의 가치와 삶의 방식을 전환하는 좋은 계기가 된다. 어쩌면 경치보다 그곳을 바라보는 사람이 무엇을 느낄 수 있느냐가 더 중요한 것이 아닌가 하는 생각을 하게 된다.

팔경이라는 개념도 중국의 문화를 차용한 것이고 8이라는 숫자가 산술적인 의미만 가진 것은 아니다. 아름다운 풍경을 에두르고 있다. 이 팔경 문화는 널리 확산되어 현재까지 이어지고 있다. 곳곳마다 팔경을 선정하여 지역 관광을 홍보하곤 하는데 옛사람들이 팔경을 정할 때는 그곳에서 무엇을 보고 무엇을 느끼게 하는가가 중요한 포인트가 됐지만, 요즘은 특정 장소의 매력만 본다. 명소를 보는 시선이 다르다.

관동팔경 가운데 가장 많은 발걸음이 닿은 곳, 수많은 사람이 풍경을 노래하고 기록한 곳은 아마 강릉 경포대일 게다. 바다와 함께 호수도 있으며 마을도 가까이 있다 보니 자연스레 접근이 쉬웠을 것으로 짐작된다. 경포 바다는 늘 사람들로 북적인다.

나도 강릉에 가면 이 경포대를 놓치지 않고 찾는다. 예전 이곳에서는 신사임당상 시상식이 열렸기 때문에 행사에 참여하느라 여러 번 와서 익숙한 곳이지만 여행길에 우연히 들러 한참을 앉았던 감흥이 좋았기에 그 이후로는 경포 바다로 가기에 앞서서 또는 바다를 들렀다가 마음을 정리하기 위해 경포대에 꼭 들르곤 한다.

이 누각은 출입을 금하지 않아 대에 올라서 바다와 호수를 자유롭게 바라볼 수 있어서 좋다. 지금은 바다 앞에 높은 호텔이 시선을 가로막아 무척 아쉽지만 호수로 시선을 돌리면 바람이 살랑 불며 마음을 다독여준다. 풍경을 보며 시를 지을 능력은 없지만 한참을 앉아있으면서 나도 조선 시대 선비가 된 듯, 어디가 제일 멋진 풍경인가, 예전 이곳은 얼마나 더 아름다웠을까 가늠해보며 천천히 시간을 거슬러 가며 나름의 풍류를 누린다.

옛 기록들은 지금의 시간에 더해서 끈을 이으며 상상력을 보탠다. 아는 만큼 보인다는 말은 참인 것 같다. 나 이전에 이곳을 다녀갔던 사람, 그 사람이 느꼈던 감성까지 내 것으로 해

경포대 내부

보려는 마음은 훨씬 더 풍성한 감성을 제공한다. 그래서 이런 명승에서 기록을 남긴 사람들에게 감사를 표하게 된다.

경포대에는 이곳을 다녀간 문인들의 편액이 빼곡하다. 그 가운데 율곡 이이가 열 살 무렵 지었다는 〈경포대부鏡浦臺賦〉 편액이 있는데 경포대의 사계절 풍경을 묘사하며 자연을 통해 마음을 다스리고 세상을 다스리는 이치를 표현하고 있다고 한다. 자연의 아름다움이 풍성한 생활공간에 살면서 그 안에서 깨닫게 되는 삶의 이치, 아마도 이것이 우리가 살아가는 데 필요한 진정한 철학이 아닐까 싶다. 어떤 환경에서 성장하느냐에 따라 품성이 길러지고 또 사물의 이치를 보는 기준도 달라진다. 이기理氣·사단칠정四端七情·인심도심人心道心 등 나에게는 여전히 알 듯 말 듯 추상적인 그의 철학이지만 율곡, 태어나고 유년기를 보낸 그의 몸에는 경포를 비롯한 강릉의 자연 한 자락이 그의 생각을 키우는 디딤돌이 되었을 것이다. 인간의 마음은 어떻게 일어나고 움직이는지 근원을 살피고 수양을 강조했던 율곡, 그의 생각의 출발점이 이곳이었다.

바다를 배경으로 하는 풍경은 그 어느 곳보다 시야를 넓히며 마음을 탁 트이게 한다. 그래서 언덕에 자리한 바다 명소에는 정자가 하나씩 들어서 있다. 사대부의 완상玩賞 공간이지만 그들이 자연의 아름다움을 여러 각도로 관찰하고 그 아름다움을 글로 남겨준 것은 그런 여유를 누리고 살지 못하는 우리에게 심미안과 인문학적 감성을 길러주니 거듭 감사해야 할 일이다.

강원도를 잠시 다녀간 이나 관직 등 공적인 일로 수년간 살았던 이나 자신의 관점으로 몸담았던 지역을 보고 느꼈을 것이다. 자신만의 시선을 갖는다는 것은 여행에서도 매우 중요하다. 때때로 선인들의 기록을 읽고 마음에 이끌려 발길을 향하곤 하지만 지금의 우리도 나름의 관점에서 그곳들을 다시 보고 현재의 감성을 찾아야 하지 않을까.

하지만 요즘 많은 여행객은 풍경 소비에만 그친다. 그리고 먼 곳까지 여행을 와서 잠시도 한가로울 새 없이 맛있는 것 먹기, '인증샷' 찍기에 몰두한다. 유명 연예인이 다녀간 곳, TV나

영화의 촬영지가 되었던 곳에서 가수나 배우의 흔적을 따라 가는 것에 만족하는 것은 진정한 여행이 아니다. 여행은 일상 의 공간에서 벗어나 진정한 나를 만나는 자기와의 여행이 아 닐까? 또는 지인들과 자연에 머물며 생각을 공유하고 끈끈함 을 다지는 시간, 그런 것이 진정한 여행이 아닐까 싶다.

자연을 잘 볼 수 있는 곳에 정자를 짓고 그곳에 앉아서 홀 로 시를 짓거나 그곳에서 지인들과 소리를 듣고 담화를 나누 던 선인들의 풍경을 상상하면 절로 마음이 푸근해진다.

나는 '풍류'라는 단어를 좋아한다. 여유롭고 멋스러운 느낌 의 말이다. 풍류를 잃어버린 요즘의 우리에게 선인들의 여행 방식은 여행의 본질을 생각하게 한다.

그러나 한편으로 생각할 때 시간에 쫓기는 가운데 작은 틈 이 허락한 여행이라면 여행자의 시선은 단순한 풍광에 머물 고 가벼운 감상에 머물 수밖에 없을 것이다. 그래도 이 땅에 서 위안을 느끼고 삶의 욕망을 일순간이라도 털어낼 수 있다 면 강원의 자연은 그만큼의 역할을 한 것이라 생각한다. 각자 의 시선과 생각의 깊이만큼 느끼고 삶의 활력을 찾는다면 말 이다.

경포대에서 바라본 풍경.

아바이들의
꿈은
퇴색해가고

실향민의 삶이 머무는 곳

속초束草, 풀 묶음 – 풀과 풀이 묶여있는 곳. 이 땅은 자신의 운명을 알았을까? 양양, 고성의 행정구역과 뒤섞여 왔고 마을이 커지면서 속초면, 속초읍이 생겼다. 해방 이후에는 38선 이북 지역이었다가 1963년 속초시가 되기까지 많은 부침이 있었던 도시 속초는 6·25전쟁 이후 남쪽 땅이 되었고 그곳에 고향에 가지 못한 북쪽 사람들이 모여 사는 마을이 생겼다. 곧 고향에 갈 수 있을 거라는 기대로 북한 가까운 곳에 자리를 잡은 사람들. 그 상징 구역이 아바이마을이다. 속초시 청호동, 함경도에서 피난 온 사람들이 모여 사는 동네여서 '아바이마을'로 불리다가 1966년 동洞이 생기면서 청초호의 이름을 따서 '청호동'으로 불렀다.

　사람들은 속초 하면 아바이마을을 쉽게 떠올린다. 영화나 드라마에 자주 등장하고 다큐멘터리 소재로도 단골이 된 마을이다. 그만큼 사연이 많고 사람들의 마음을 흔드는 곳이다.

북한을 고향으로 한 실향민들이 마을을 이루고 살던 곳, 마을은 시가지에 있지 않고 바닷가, 그것도 부리처럼 툭 튀어나온 땅이 바다를 감싸서 호수를 이루고 있다.

위로는 속초항이 있고 동쪽에는 동해, 그리고 안쪽으로 석호瀉湖인 청초호가 있는 이 마을은 호수를 감싸며 바다에 접해 있는 땅이다. 삼면이 바다고 남쪽만 육지로 이어진 반도 모양이어서 섬인지 육지인지 헷갈리는 모습이다. 공유수면을 매립해서 만든 땅인데 생활 기반이 약한 실향민들이 모여 살면서 일구었다고 한다. 실향민 1세대에서부터 3세대까지를 아우르는 주민들이 많이 사는데 속초시 자료에는 주민이 8만 2,700명 4,640세대(2021년 현재)를 이루고 있다고 한다.

육지에서 툭 튀어나와 있는 이곳으로 가려면 빙 돌아가야 하는 불편 때문에 이 마을 사람들은 배를 이용해 도심을 드나들었다. 갯배. 줄을 이용하여 가는 무동력선인데 지금은 다리가 나있어서 접근이 쉽기 때문에 갯배는 관광선이 되었다. 또 마을은 유명세를 타면서 관광지가 되어 온 마을이 음식점이고 특산물을 파는 가게다. 관광안내소도 자리하고 이런저런 편의시설도 깔끔하게 되어있다. 길을 지나려면 여기저기 음식점에서 손님을 부른다. 그 시선을 무시하고 동네를 찬찬히 돌아보기란 쉽지 않다. 어디든 앉아서 순대 한 그릇 먹고 나야 마음이 편해진다.

아바이마을 전경

　잘 다듬어진 마을에서 실향민의 삶은 어디에 있는지 좀 헷갈린다. 그렇다 하더라도 이 마을의 역사는 우리나라 역사의 한 부분이고 삶의 상처를 품은 곳이다. 아바이순대나 오징어순대와 막걸리를 파는 집들이 즐비하여 쉽게 다가갈 수 없지만 이 마을이 가진 깊은 속내를 들여다보아야 한다. 어쩌면 곧 사라질지도 모르는 가슴 속 이야기를 기억해야 한다.

연극으로 승화된 아바이들의 이야기

얼마 전 속초에서 연극 한 편을 보았다. 전국의 연극인들이 경연을 벌이는 전국연극제에 강원도 대표로 참가할 극단을 뽑는 무대였다. 연출자와 배우 여럿이 아는 사람들이어서 응원차 속초로 달려갔다.

경연에는 강원도 각 지역에서 여러 극단이 참여했는데 그 가운데 속초의 극단 파·람·불이 대상을 수상하였고, 이후 극단은 제38회 전국연극제에 도 대표로 참가하였다. 그리고 '2020 대한민국 연극대상'에서 대상과 베스트 작품상을 수상했다.

극단 파·람·불의 공연 작품은 〈그날 그날에〉. 이반 작, 변유정 연출의 작품이었다. 이 작품은 실향 1.5세대였던 작가 이반(1940~2018년)의 삶을 바탕으로 하여 희곡이 만들어졌다. 작가는 속초 사람이다. 함경남도 홍원군 출신으로 열 살에 부모님과 피난하여 속초에서 성장하였다고 한다.

〈그날 그날에〉는 고향으로 돌아가고 싶지만 돌아갈 수 없는 실향민들의 아픔을 이야기한다. 고향과 가장 가까운 땅인 속초에 자리 잡고 살던 실향민들의 고향에 대한 깊은 그리움을 작품 속 김 노인, 박 노인, 북청댁이라는 인물들을 통해 보여주며 동시에 창길이라는 인물을 통해 실향민 1.5세대들이 갖는 고향의 다른 의미에 대해 이야기한다.

"(…) 제 생각은 이래요. 배가 들어오면, 아버지께서 이곳에 있는 모든 것을 정리하고 서울로 떠났으면 좋겠어요."

"니, 지금 날 보고 여기서 떠나 살자 이 말이니? 이 바다와 저 사람들을 두고 이사 가자 이 말이니?"

"이제 아픈 기억들을 모두 떨쳐버릴 때도 되었어요. 고향, 배, 바다 이 모든 것을 떠나서 살 때가 되었어요. (…) 고향은 아버님의 생을 앗아갔어요."

"(…) 생이라는 게 무스기니? 고향이 내 생을 앗아갔다고? 니는 처음부터 잘못 생각했다. 내게 있어, 내뿐만 아니라 저, 박 아바이랑 북청 아주머이에게 있어서 생이라는 건 고향을 그리는 맴이랑 다른 게 아니다."

김 노인은 아내가 죽은 뒤 무덤을 만들지 못하고 고향에 가면 묻으려고 지붕 위에 모셔두었고, 아들도 뱃사람으로 만들고 싶어 한다. 그와 어울려 사는 사람들도 하나같이 고향을 잊지 못하고 마음이 병들어있다.

이 오래된 이야기는 내 부모 세대쯤이 중심이 되는 시간을 담은 연극이다. 이야기는 조금 무거웠지만 나는 차츰 극으로 빠져들었다. 내 아버지의 고향도 저 극 중 인물들이 그리워하는 땅이었고, 평생을 못 잊는 모습에 지겹고 화가 나기도 했던 내 마음은 극의 아들 창길과 닮아있다.

북쪽과의 대화나 만남이 정치적으로 이용되는 가운데 희망만 키우다 작고하신 내 아버지가 거기에 있었다. 아버지 또한 분단 지역과 제법 가까운 춘천에서 군 생활을 하셨고, 그대로 그곳에 삶의 보따리를 풀어놓고 일가를 이루셨다. 부모님의 생신이면 밤새 불을 밝히시고는 쉽게 잠들지 못하던 모습, 명절이면 늘 우울한 얼굴로 소주를 위로 삼던 분….

명절이면 지겹다는 생각이 들 정도로 간절히 고향을 그리워하던 아버지 생각을 하며 연극을 보았다.

사실 나는 이 연극을 여러 번 보았다. 처음 본 것이 20년도 넘었다. 속초 극단이 춘천에서 공연하는데, 거친 사투리 - 속초 말은 북한 말과 뒤섞여 있다 - 그리고 진짜 생선을 가져와서 무대에 마구 뿌리며 하는 사실적인 연기가 좀 충격적이었던 기억이 있다.

속초의 연극인들은 이 작품을 무척 아낀다. 기회가 있을 때마다 무대를 만든다. 속초라는 땅이 만든 작품이기 때문일 것이다. 그 누구도 속초 사람들만큼 이 작품의 내용을 공감하며 만드는 사람은 없을 것이다. 이 연극은 공연 극단이 바뀌면서도 여러 번 상을 탔다. 직접 실향민 가족이 아니라도 한두 집 건너의 삶이 바로 이 모습일 테고, 이렇듯 삶에서 우러나오는 것만큼 감동을 주는 것은 없기 때문일 것이다.

한 지역을 말할 때 생각나는 노래나, 연극, 시와 소설 등 예술 작품이 있다는 것은 지역의 색깔이 분명하다는 것이고, 그것은 예술 작품의 힘에 의해 더 확장되곤 한다.

속초에서는 실향민을 주제로 하는 축제도 열린다. 청호동

아바이마을 인근에서 매년 개최하는데 고향을 잃어버린 사람들의 아픔을 기억하고 전쟁을 넘어 평화를 꿈꾸는 축제이다. 이제는 고향을 잊지 못해 한 번만이라도 가보려고 애태우던 분들은 거의 생존하지 않지만 우리 땅의 역사, 분단이 만든 상처는 그다음 세대들이 외면하지 말고 여러 가지 방법을 통해 오래 기억해야 하지 않을까? 어쩌면 낡은 이야기이고 외면하고 싶은 이야기일지 모르지만….

〈그날 그날에〉를 보며 그 지겨워하던 황해도 이야기가 그리워졌다. 생전에 조금 더 열심히 아버지의 푸념을 들어드릴 것을…. 하는 송구한 마음과 함께 앞으로도 이 연극이 공연될 때면 여러 번 보았다고 외면하지 말고 또 보리라 다짐한다. 아버지의 이야기를 들어드리는 마음으로.

도시의 이름처럼, 고향을 떠난 잡초 같은 사람들이 한데 어울려 서로 위로하며 살았고 그 후손들이 삶을 이어가는 땅, 속초의 아바이마을은 생활사박물관으로 조금 더 잘 다듬어졌으면 좋겠다. 아직도 전쟁이 멈추지 않은 땅 대한민국, 그 땅에 2개의 강원도가 있다. 고향을 갈 수 있으리라는 희망으로 유랑민처럼 살던 사람들이 만든 마을의 이야기가 있는 곳, 과거를 딛고 내일로 가야 하는 우리가 잊지 않아야 하는 숙제로 남아있다.

아바이마을 벽화

금진항에서
보낸 시간

바다부채길이 만든 변화

강릉시 옥계면 금진리. 동해안의 대표적인 도시인 강릉에서
남쪽으로 가면 강릉시와 동해시의 경계인 옥계면이 나온다.
그중에서 금진은 바다 쪽에 있는 마을이다. 금진항이 있고, 해
수욕장도 있는 작은 어촌이다. 금진의 위쪽은 심곡, 그곳에서
조금 더 올라가면 정동진이다. 몇 년 전만 해도 1960~1970년
대 항구 모습을 간직하고 있던 곳인데 요즘은 이 항구가 제법
북적인다. 낡아서 안전에 위험을 느끼던 오랜 어판장이 헐리
고 어판장 2층에 옹기종기 있던 횟집들은 도로 반대편으로 옮
기며 현대적 감각을 담아 큰 창으로 바다를 더 넓게 볼 수 있
도록 새로 지었다. 해변횟집, 금진횟집, 옥계횟집, 옛포구횟집
등 지역 이름이나 바다를 연상시키는 이름을 가진 오랜 횟집
들이 나날이 새로이 단장하며 손님을 맞고 있다.

　이런 변화의 가장 큰 이유는 정동진에서 심곡으로 이어지
는 '바다부채길'이 생긴 탓이다. 입소문이 나면서 사람들이 몰

리는데, 이 길을 걷는 사람들이 거쳐 가는 항구라서 더욱 북적이게 된 것이다. 호텔도 들어섰고 음식점들도 호황을 누렸다. 코로나 팬데믹 이전까지는.

바다부채길은 예전 군사 경계 철조망이 있고 해안 경비초소도 있어서 군인들만 드나들던 길인데, 이런 군사시설이 철거되면서 그동안 숨어있던 비경이 일반인에게 공개되며 순식간에 인기 있는 관광자원이 되었다. 군인들이 보초를 서기 위해 다니던 통행로를 보수하고 데크를 새로 놓아 걷는 길을 조성하여 2016년 9월부터 개방했다. 정동진에서 심곡으로 이어지는 해안 길은 그 길이가 2.86킬로미터이다.

이 길은 큰 굴곡 없이 긴 곡선을 이루는 해변이다. 특이한 모양을 한 바위들로 이루어진 해변을 제법 높이가 있는 계단과 데크 위로 걷는다. 사이에 몽돌 해변도 있고 부대 초소도 여전히 남아있다. 바다 앞으로 펼쳐진 기묘한 모양의 바위와 육지로 이어진 높은 바위들은 까마득한 역사를 담고 있는 해안단구이다. 바다에 있던 땅이 솟아올랐거나 바닷물의 수위가 낮아져 생긴 지형이다. 신생대 3기 이후 이루어진 현상이라고 하니 아득히 먼 시간이 담겨있다. 바위들은 침식으로 인해 갖가지 형상이다. 시간이 만들어낸 예술이다.

왜 이름이 바다부채일까 궁금해하며 걷기 시작하다 보면 둥근 곡선의 해안 길이 마치 부채의 둥근 선처럼 완만하게 펼쳐져 있는 것 같다. 또 중간에 부채바위로 이름 지은 곳이 있

옥계 금진 바다

어서 길 이름이 그리되었다는 것을 알 수 있다. 하지만 부채라
는 이름은 중요하지 않다. 해안을 따라 난 데크 위를 걷다 보
면 그저 눈에 보이는 광경에 연신 감탄을 자아내게 된다.

바다를 이렇게 가까이 마주하며 걷기는 쉽지 않은데 해안
선 위로 길이 나있기 때문에 가끔 파도가 물세례를 주기는 해
도 한겨울을 빼고는 안전하게 걸을 수 있다.

바다에 심취해 걷다 보면 부채바위가 나오는데 절경에 절
로 발길을 멈추게 한다. 이곳에는 심곡의 여서낭 전설 안내판
이 있어서 이 바다 위 어디로 떠내려왔다는 여신의 이야기를
전해준다. 하지만 그 모든 것을 압도하는 것은 길 위의 바다
풍경이다. 이런저런 설명과 해석을 뒤로하고 완만하게 굴곡을

지으며 바다 위를 걸어가는 기분을 느끼게 하는 이 길을 걷다 보면 괜히 소리도 한번 지르고, 마구 달리고 싶어지기도 한다. 하염없이 바라보며 바다에 홀리다 보면 어느새 마음의 껍질이 하나둘 벗겨진다. 바다와 거리가 사라지고 그 안에 들어가 있는 것 같은 기분을 선물하는 곳이다.

꽃을 바친 남자

정동진에서 심곡 방향의 바다부채길로 이어지는 곳에 또 하나 이 지역 명소가 있는데 헌화로이다. 차로가 중심이어서 인도가 없는 곳도 있지만, 바닷가를 따라 굴곡이 예쁘게 난 이 도로는 영화나 드라마에도 자주 나오는 드라이브 코스다. 심곡항에서 금진항을 잇는 길이다. 이 길 또한 해안단구가 절경을 이루고 있다. 그래서 가끔 이 풍광에 넋을 놓다가 교통사고를 일으키는 경우도 있다.

'헌화로獻花路', 꽃을 바친 길이다. 《삼국유사》에 향가로 전해지는 〈헌화가〉의 이야기를 담고 있다. 신라의 순정공이 강릉 태수가 되어 부임하던 길에 동행하던 그의 부인인 수로부인이 이 길을 가다가 바닷가 절벽에 피어있는 철쭉꽃을 보고 주위 사람들에게 꺾어달라고 부탁했단다. 하지만 위험해서 아무도 나서는 사람이 없었다. 이때 소를 끌고 가던 노인이 나서서

꽃을 꺾어 바치면서 헌화가를 불렀다고 한다.

헌화로의 정확한 구간은 옥계면 낙풍리 사거리에서 강동면 정동진리 정동진역 앞 삼거리까지인데 사계절 아름답다. 이 길은 강릉의 걷기 길인 바우길 9코스의 일부이기도 하다.

꽃을 바친 남자는 신선이라고 해석되지만 나는 강릉 남자들이 왜 이 이야기를 자신들의 감성으로 적극 활용하지 않는지 안타깝다. 길을 가는 여성에게 목숨을 걸고 꽃을 꺾어 바칠 만큼 순정을 갖춘 사람이라는 이미지를 부각하면 바닷가 특유의 무뚝뚝함이 많은 강릉 남자들, 이 바닷가 노인의 후예들이 더 부드러운 남자로 느껴지지 않을까. 여성에게 꽃을 선물할 줄 아는 감성, 무얼 더 설명하겠는가.

아름다운 이야기만큼 길의 풍경은 늘 마음을 빼앗는다. 금진에 일터를 둔 나는 금진항에서 밥을 먹고 가끔 산책으로 헌화로를 걷곤 했는데, 평일에도 혼자 길을 걷는 사람들을 자주 만난다. 사람들은 군데군데 마치 칼날 같은 사선으로 이루어진 바위 앞에서 감탄하다가 불쑥 사진을 찍어달라는 주문을 하기도 한다. 그 순간을 영원히 남기고 싶은 욕구가 솟는 곳이다.

〈헌화가〉가 탄생한 여정인 경주에서 강릉으로 오던 길 가운데 어느 곳이 그 배경지인 헌화로인지는 논란이 있다. 삼척 지역이 이 헌화로의 배경이라는 주장도 있어서 삼척 임원항에도 수로부인 이야기를 배경으로 만든 헌화공원이 있다.

해안으로 이어지는 아름다운 풍경들이 많은 동해인 만큼

금진항 전경

오랜 이야기도 많지만 요즘 금진항은 새로운 모습으로 변화하고 있다. 서퍼들의 발길이 꾸준히 이어지며 바닷가 풍경이 달라지고 있는 것이다. 횟집과 민박집이 중심을 이루던 해수욕장 주변은 서핑을 강습하는 곳과 카페, 그리고 서핑을 즐기는 이들을 위한 숙박 시설이 새로이 들어서고 있다. 옛 모습을 하나씩 벗고 변화를 시도하는 항구는 한층 젊어진 느낌이다.

젊어지는 바닷가 마을들

요즘 서핑 하면 양양을 가장 먼저 떠올린다. 죽도, 인구해변이 널리 알려져 있고 이 외에도 물치항, 정암해변, 설악해변, 하조대해변, 기사문항, 잔교리해변 등 양양군이 자랑하는 서핑 핫스폿이 꽤 여러 군데다. 강릉도 주문진 등 서핑을 하는 곳이 여러 곳인데 금진해수욕장도 서퍼들이 제법 찾아오며 서핑 강습을 하는 곳도 늘어났다. 금진 바다는 파도가 높지 않아서 초보자가 서핑을 배우는 데 알맞은 장소라고 한다. 금진해수욕장은 길이가 그리 길지 않아 여름철 해수욕을 하기 위해 오는 사람은 많지 않지만 서퍼들이 하나둘 몰려오더니 입소문을 타며 서핑 포인트가 되고 있다.

한겨울에도 파도를 타며 물에 빠졌다 다시 나왔다 하는 풍경을 종종 보곤 하는데, 서핑의 매력이 무엇이길래 이 겨울에 저러고 있는 걸까 궁금해하곤 했다. 한번 해보고 싶은 욕구가 슬그머니 일어나기도 했지만, 젊은이들의 레저에 낀다는 것은 쉽게 용기를 내기 어려웠다. 하긴 수영도 전혀 못 하는데 어떻게 파도를 타겠는가….

그래도 계절을 가리지 않고 바다에 몸을 담그고 파도와 하나가 되기 위해 신경을 곤두세우고 있는 사람들을 먼발치에서 보는 것만으로도 흥분되고 덩달아 바다로 들어가고 싶은 마음은 자주 출렁거렸다.

파도를 능수능란하게 타는 사람들의 마음은 어떤 것일까? 그들이 느끼는 쾌감을 직접 알 수는 없었지만 그 언저리에서 서성거리며 바라보는 풍경만으로도 마음이 젊어지는 듯했다.

금진항 바로 앞에 가끔 커피를 마시러 가던 '알로하'도 서핑을 즐기는 청년이 운영하는 카페다. 자그마한 단층 건물, 작은 카페인데 벽에는 서핑하는 사진들이 걸려있다. 앞마당은 벽돌을 사각으로 쌓아 만든 화로대와 간이 의자들, 그리고 바비큐 그릴 등 캠핑 용기들이 늘 흐트러진 모습으로 있다. 그리고 옆에 서핑 강습을 위한 도구들, 모두 여름의 흔적이지만 겨울에도 서핑복, 서핑보드가 한 켠에 자리하고 있는 풍경은 무한한 자유로 다가온다. 무질서한 것 같은, 그러면서도 활력을 담은 모습이다.

큼직한 글씨의 간판은 서핑, 맥주, 치킨, 핫도그, 커피 등의 글씨가 알록달록한 색깔로 눈길을 끌고 있고, 이것보다 더 눈길을 끄는 것은 푸른색 컨테이너에 그려진 야자수 그림과 'ALOHA'라는 글씨이다. 하와이를 연상케 하는 단어가 주는 묘한 끌림…. 겨울에도 이따금 서핑을 하는 모습이 보이지만 서핑은 여름철 금진 바다의 익숙한 풍경이 되었다. 시나브로 늘어난 서핑 강습장들이 작은 항구와 해수욕장이 있는 마을에 사람이 모이는 동력이 되고 있다.

봄에서 가을까지 카페와 서핑 강습을 하고 겨울에는 따뜻한 나라에 가서 서핑을 즐긴다는 청년과 그 일행들, 한없이 자유로워 보이는 이들의 카페에서 마시는 커피 한 잔은 덩달아 자유 한 모금이다. 금진을 떠나있다가 모처럼 알로하를 찾아 간 날, 카페 문은 닫혀있고 작은 안내판이 문 입구에 세워져 있었다.

"알로하 카페 휴가 안내 – 1/29(토)부터 정상 영업합니다!"

긴 휴가를 떠나 어느 따뜻한 바다에서 서핑을 즐기고 있는 모습을 상상해본다. 몇 년을 단골로 들러도 늘 커피만 마시고 변변히 대화를 나누지 못한 알로하의 주인이 무척 부러워지는 날이었다.

2014년부터 본격적으로 확산되었다는 서핑은 청년들에게 자유로운 삶의 표상처럼 비치면서 즐기는 사람들이 날로 늘어나고 있다. 양양의 죽도, 인구해변 등은 완전 다른 세상처럼 느껴진다. 서핑용품을 파는 가게들과 해변에 늘어선 카페, 무엇보다 몰려다니는 서퍼들의 자유분방함은 해변의 옛 모습과 부조화를 이루면서도 새로운 세상을 보여준다.

바다를 즐기는 방식도 크게 달라졌다. 고요히 바라보며 감성을 부르는 바다, 아니면 수영을 즐기며 바닷가의 모래와 햇빛 아래 벌거벗은 자유를 만끽하는 여름 바다의 낭만, 이런 것들에서 한 걸음 더 나아가 역동적으로 바다에 몸을 담그며 파도와 한 몸을 이루어 바다를 느끼는 방식으로 전환되고 있다. 이런 변화를 보면서 이 같은 역동적인 에너지가 삶에 다양하게 확장되면 좋겠다는 생각을 하게 된다. 부딪고 경험하며 거

서핑의 명소가 된 금진

기에서 삶의 방향과 에너지를 찾는 도전의 마음을 키우는 계기가 되지 않을까 하는 기대를 갖게 된다.

새로운 세대가 새로운 방식으로 경험하는 바다, 강원도 바다는 그들을 맞아들이느라 바쁘다. 바다가 젊어지고 있다.

항구마차의 가자미 회무침

바닷가에 살면 늘 손님치레가 걱정된다. 여행이나 일로 내가 있는 지역 근처에 왔던 지인이 밥을 함께 먹자고 하거나, 일부러 나를 보러온다는 소식을 전하면 객지에 있는 나로서는 반가운 마음이 앞서지만 어떤 대접을 해야할지 적이 고민이 되기 시작한다. 특히 바다가 먼 영서 지역에서 오는 지인들에게는 자주 누리지 못하는 특별함을 만들어주어야 한다는 생각을 하게 된다. 바다를 바라보며 싱싱한 회를 먹는 풍경, 아마도 그들의 여행 그림 안에 이런 것들이 들어있을 것이다. 그래서 그 그림을 채워 넣기 위해서 기꺼이 횟집을 가곤 한다. 그러다 보니 한 주간 2, 3일을 연속으로, 어떤 날은 점심과 저녁, 두 차례나 회를 먹으러 갔다가 탈이 난 적도 있다. 찬 음식을 연거푸 먹었기 때문이다.

그래도 바다에서 난 것들은 생선, 조개, 해조류 가릴 것 없이 두루 좋아하고 생선회도 좋아하는 식성이어서 지인들과 식탁을 함께하는 것은 즐거웠다. 또 객지에서 살고 있는 내게 찾아오는 손님은 늘 반갑다. 외진 곳에 살다 보니 오랜만의 수다와 북적거림이 좋은 것이다. 하지만 횟집의 음식값은 부담이 된다. 개별적으로는 어쩌다 한 번 오는 지인이지만 내게는 빈도가 잦으니 주머니가 털린다. 그래도 바다에 왔으면 바다 음식을 먹어야 하지 않겠는가.

이럴 때 꺼내는 비장의 무기, 나의 히든 플레이스는 '항구마차'이다. 금진항으로 가는 바닷가에 있는 이 음식점은 이 동네 유일의 포장마차이다. 포장마차가 들어서는 동네는 아니지만 주인은 주변을 관리하는 일을 함께하면서 꽤 오랫동안 이곳에서 장사를 해왔다고 한다.

길가에 지은 임시 건물, 말 그대로 포장마차다. 10평이 채 안 되는 공간에는 테이블 7개가 있고 밖에 간이 테이블이 2개가 더 있다. 바다를 향해 투명한 비닐 창이 있어서 바다를 바라보며 칼국수를 먹는다. 바다 향기를 함께 먹는다.

바다 가까이에 횟집들이 연이어 있지만 지갑을 조금 덜 열게 할 소박한 식당이 별로 없는 이 동네에서 이 집은 귀한 집이다. 미디어에 여러 번 등장한 유명세가 있어 쉽게 자리를 차지하기 어렵고 줄을 서서 기다려야 한다는 것이 단점이다.

항구마차는 김회원·이현숙 부부의 오랜 삶터이다. 어부였던 김회원 씨는 장애가 있는데 죽음 직전까지 갔던 험한 바다일을 그만두고 축산을 하기도 했단다. 그런데 1980년대 중반 소값 폭락 파동을 겪으며 하던 축산업을 그만두어야 했다. 생활이 어렵게 되자 면장에게 찾아가 바닷가의 공터를 관리하면서 포장마차라도 할 수 있게 해달라고 사정을 했다고 한다. 헌화로가 확장과 포장이 되지 않고 주민들이 바로 위 산길로 다니던 시절, 바다로 이어진 좁은 길에 난 공터였던 이곳에서 아내와 함께 라면을 팔고 파전, 감자전 그리고 칼국수도 팔기 시작했다. 아내의 음식 솜씨 덕에 장사는 꾸준했다. 그러다 칼국수의 맛을 조금 더 구수하게 내기 위해 대게, 홍게를 넣어 만들었는데 이게 사람들의 입맛을 당기며 대박이 난 것이다.

맑은 칼국수도 만들었지만 강릉 지방에서 많이 해 먹는 고추장을 넣은 장칼국수도 함께 끓였다. 국수 맛은 입에서 입으로 소문을 타면서 텔레비전에도 소개되고 또 영화를 찍을 때 배경이 되기도 했다.

헌화로가 정비되면서 바다를 끼고 굽이를 돌아 이어지는 명풍경을 즐기려는 사람들이 늘어나니 항구마차도 자연히 손님이 늘었다. 작은 포장마차는 여전히 불법 건축물이지만 강릉의 명소가 되었다. 이 주변을 여행하는 사람들의 편의를 위해 포장마차 앞에 화장실도 생겨났다. 2018동계올림픽 경기가 강릉에서도 열리면서 헌화로를 찾는 관광객을 위해 마련된 편의시설인데 항구마차보다 더 탄탄한 건물이다. 자세히 보면 우습기도 하고 기형적이다. 물론 이곳을 이용하는 이들에게는 더없이 좋은 일이지만.

요즘 항구마차는 강릉 명소로 주가를 한창 올리고 있다. 탤런트 최불암 씨가 진행하던 텔레비전 프로그램, '한국인의 밥상'에 대게 칼국수와 가자미 회무침이 소개되면서 맛집 반열에 올랐다. 근래에는 TV조선 프로그램 '식객 허영만의 백반 기행'에 출연했고, KBS 2TV의 '배틀트립'에도 소개되었다. 그러다 보니 식당은 줄을 서서 기다려야 먹을 수 있는 곳이 되었다.

하지만 항구마차는 영업시간이 제한되어 있다. 오전 10시 30분부터 오후 4시까지만 운영한다. 또 평일인 화·수요일은 쉰다. 손님이 많아져서 즐겁지만 무리하지 않고 초심을 유지하기 위해서 쉬는 시간을 갖는다고 한다. 주방 담당인 아내 현숙 씨가 얼마 전 대장암 수술을 했기 때문에 건강관리를 위해서라도 주중 쉬는 날을 꼭 지킨다.

초기에는 밤 12시까지 영업을 했고 메뉴도 여러 가지였지만 손이 많이 가는 음식을 하다 보니 아내의 어깨 인대가 늘어나고 고생이 심해 현재의 메뉴를 유지하고 영업시간도 줄여서 오래 손님을 맞이할 수 있기를 기대하는 부부의 결단이다. 올해로 24년째라는 부부는 70·65세로 노년기를 맞아 언제까지 할지는 알 수 없지만 맛있게 음식을 먹는 이들이 있으니 몸이 고단해도 나오면 활기가 생긴다고 한다.

"최불암 선생님이 당부를 했어요. 장사가 잘된다고 욕심내지 말고 맛도 가격도 처음부터 끝까지 같은 마음으로 하라고. 장사는 4시까지지만 전국에서 오는 손님들이 전화해서 가는 중이니 문 닫지 말고 기다리라고 하면 기다리기도 해요. 고맙죠. 동해에 사시는 분은 일주일에 한 번씩 꼭 어머니를 모시고 칼국수 먹으러 와요. 그런 분들을 보면서 보람을 느끼죠."

주메뉴는 대게 칼국수, 가자미 회무침, 문어 무침, 망치 매운탕, 도루묵찌개, 회덮밥 등인데 이곳에서 손님들이 가장 많이 먹는 것은 대게 칼국수와 가자미 회무침이다.

칼국수는 6,000원인데 실제 게가 그릇에 크게 담기지는 않는다. 게 다리를 구경할 수 있을 뿐이다. 장칼국수와 맑은 칼국수 두 종류이다. 국수가 얇고 부드러운 데다가 게가 들어가 구수한 맛이 식욕을 돋우며 후루룩 넘어간다. 칼국수만 먹으면 허전할 때 곁들이는 것이 가자미 회무침, 하지만 무엇이 주

메뉴고 무엇이 부수적인 메뉴인지는 좀 헷갈린다.

내가 좋아하는 것은 칼국수와 가자미 회무침을 함께 먹는 것이다. 지인들이 왔을 때 점심 메뉴로 이 집의 칼국수에 가자미 회무침을 곁들이면 섭섭하지 않은 접대가 된다. 가자미 회무침은 대, 중, 소 크기에 따라 3만 원, 2만 5,000원, 2만 원.

가자미 회무침은 이 동네에서 많이 나는 가자미에 채소를 넉넉히 넣고 초고추장을 넣어 무치는데 콩가루가 들어가서 고소한 맛이 강하다.

회원 씨에게 맛의 비결을 물었더니, 보통 가자미회를 기계로 써는데 이 집은 손으로 썬단다. 동해에서 처형과 조카가 위판과 경매를 해 공급하는데 가자미 등뼈를 발라내고 썰기 때문에 뼈가 없고 육즙이 살아있어서 부드러운 것이 특징이라고 한다. 그 이야기를 들으니 '아, 그렇구나. 부드러운 맛에 자꾸 젓가락이 가는 이유가 이거였구나' 하고 수긍이 간다.

늘 붐비는 포장마차는 갈 때마다 간신히 자리를 얻어 국수를 먹고 나오곤 했는데 모처럼 일찍 간 어느 날, 아저씨와 이런저런 옥계의 옛이야기를 나누었다. 원래는 주문진 수산고등학교를 나와서 처음에는 포경선을 탔고 그다음 오징어 배를 탔던 이야기, 배가 뒤집혀 갇혀있다가 간신이 빠져나와 배 위에 있었고 지나가던 일본 무역선에 의해 간신히 구조되었던 사연, 그리고 맛있는 생선 이야기, 우리가 즐겨 먹지 않는 가시 많은 생선, 끈적끈적한 진액이 나와 인기가 없는 생선들이 얼마나 맛있는지…. 이야기가 무르익을 만하면 손님들이 들어오고 아저씨는 주문을 받기에 바쁘다. 그런 틈에도 옛이야기를 하고 싶어 하는 항구마차 아저씨와 언제 시간을 내서 긴긴 날 그 삶을 기록해야지 하는 마음이 마구 솟는다.

바닷가에 살았다고는 하지만, 돌아보면 이방인이었고 그 삶에 깊이 다가가지 못한 아쉬움을 채우기 위해 이분을 붙잡고 바닷사람의 속 이야기를 다 털어내리라 다짐하며 주방으로 시선을 옮겼다.

포장마차 안에서 요리 솜씨를 발휘하는 현숙 씨의 주방은 손님을 맞는 공간과 큰 경계 없이 냉장고, 선반 등으로 대강 구분되며 환히 보인다. 앞뒤가 틔어있는 선반 부분을 흰 천으로 가려 음식을 먹는 사람들의 시선을 간신히 막고 있다. 상차림에 쓰이는 반찬들이 담긴 커다란 플라스틱 통들, 켜켜이 쌓인 국수 그릇, 공간이 좁다 보니 냄비, 가스 건 등을 못에 걸었고 선반에 정리된 양념통도 빼곡하다. 그 옆의 조리대 가스 불 위 솥에서는 연신 국수가 끓어 그릇에 담긴다.

그 어떤 주방과도 견줄 수 없는 맛이 창조되는 공간은 무척 소박하다. 하지만 맛이 익어가고 넉넉한 마음이 솟아난다. 요즘은 손님이 몰리는 주말이면 동해에 사는 딸이 와서 돕고, 제수 씨도 온단다. 가족들이 손을 보태며 연신 새로운 손님을 맞이하는 포장마차 안은 바다의 맛이 가득하다. 국수를 먹으러 오는 손님들의 모습도 다양하다. 블로그 맛집을 확인하기 위해 온 젊은 남녀들, 모처럼 바다 나들이를 한 가족, 지난밤 제법 과음을 했을 법한 중년의 남자들…. 저마다 칼국수를 먹는 마음과 기대는 다르지만 뜨거운 국수에 땀을 흘리며 마음의 끈적함도 쏟아낸다.

회무침을 시키면 자연히 술을 먹고 싶은 욕구를 느끼는 사람이 많지만 점심 메뉴라는 한계 때문에 그 욕구를 충족시키기는 어렵다. 포장마차는 바다로 열어놓을 수 있고 실내가 좁은 탓에 야외 테이블에서도 음식을 먹는다. 파도 소리가 들리는 바닷가 포장마차, 상상만으로도 낭만적이지 않은가.

후배가 느닷없이 아기를 데리고 찾아온 그날도 나는 항구마차로 갔다. 오랜만에 보는 그녀와 할 이야기가 많았고, 술도 한잔하고 싶었지만, 아이와 함께 있으니 우리는 맥주 한 잔씩을 간신히 나누어 먹으며 가자미회를 꼭꼭 씹었다.

아! 이 한나절, 이곳에서 회무침과 함께 술을 먹고 취할 수 있다면 얼마나 행복할까. 나는 근무 중이고 일상에 지쳐 떠나온 후배는 아기를 데리고 왔고, 아이는 음식을 먹는 중에도 쉴 새 없이 묻고 무언가를 요구하고 있었다. 오랜만에 만나는 우리는 서로의 안녕을 길게 물어야 하지만 온전한 바닷가 낭만의 시간을 가질 형편이 아니다. 그래서일까. 간신히 한 잔의 맥주와 회무침으로 달래는 우리의 허기는 깊었다. 쫄깃하게, 달콤하게 매콤하게, 고소하게 금진 바닷가의 추억은 가자미회무침에도 녹아있다.

단출한 항구마차 주방

단골 메뉴인 칼국수와 가자미 회무침

여기서는
느리게 살며
깊이 생각하지요

청년들이 강원도로 오는 까닭은

"강릉에서는 길을 잃을 염려가 없어요. 대관령만 보면 방향을
알 수 있어요. 뭔가 요란한 일이 없이 평이한 일상이 안정을
주고 자연에 기대어 살 수 있다는 것이 좋아요."

강릉에서 올해로 4년째 살고 있는 38세 청년 박준상은 지
난해 혼인을 하여 아내도 함께 강릉으로 이주하여 살고 있다.
그는 수원에서 오래 살았고 그의 아내는 서울에서 직장을 다
녔다고 한다. 그런 그들이 도시의 생활을 뒤로하고 강릉에 산
다. 결혼까지 했으니 강릉에 뿌리를 내렸다고 해야 할까? 그
들의 미래를 알 수는 없다.

요즘 강릉, 속초, 양양, 고성 등 바닷가뿐만 아니라 홍천, 평
창, 횡성 등 비교적 교통이 편리한 지역을 중심으로 청년들이
생활공간을 옮기는 사례가 늘고 있다. 강원도는 은퇴자들이
노후생활을 전원에서 보내기 위해 이주하는 사례가 적지 않

은 지역이지만 한창 경제활동을 해야 하는 청년들이 강원도로 이주하는 것은 또 다른 의미인 것 같다. 청년들은 왜 강원도에서 살려고 하는 것일까? 무엇이 그들을 대관령 너머 바닷가 마을로 부르는 것일까?

언젠가 강릉시립미술관에서 청년 화가의 전시 작품을 본 적이 있는데, 그림은 가벼운 스케치 형식이었다. 대부분의 그림은 강릉 시내의 오래된 집, 가게 등 도심 풍경을 담고 있었는데 익숙한 풍경이면서도 새롭게 다가왔다. 낡은 것들에 대한 애정이 왠지 모르게 느껴졌다. 이 오랜 도시의 아직 개발되지 않은 모습이 갖는 아름다움을 이야기하고 있었다. 이곳에

강릉의 오래된 집

녹아있는 사람들은 바라보기 어려운 시선이라고 느껴졌는데 작가와 대화를 나누어보니 강릉에 온 지 얼마 되지 않았다고 했다. 그래서 때로는 이방인의 시선이 필요한지도 모른다.

강릉은 바다와 산, 그 가운데 전통 문화유산들이 곳곳에 박혀있어서 다양한 색깔을 보여준다. 강릉만의 매력이다. 그래서인지 강릉으로 긴 여행을 오거나 이주하는 인구도 늘고 있다. 강릉의 새로운 모습이다.

도시에 끼어있는 삶을 벗으니 보이는 것

박준상 청년을 처음 만난 건 강릉에 있는 우리 기관에서 추진한 주민 교육에서였다. 그는 교육 강사로 참여하면서 현장 답사도 인솔하고 주민들의 현지 교육 프로그램을 위해 팀과 함께 영월, 삼척, 태백 등 먼 길을 오가며 성실하게 일했다.

어느 날, 순전히 나의 호기심 때문에 많은 이야기를 나눈 사이도 아닌 그를 붙잡고 질문을 시작했다. 그를 비롯한 청년들의 강릉살이에 대한 관심을 풀어보려고 임영관 부근 '명주상회'에서 만나 이런저런 궁금함을 마구 던졌다.

'명주상회'는 인도 차인 '차이'를 파는 작은 카페인데 이런 분위기 탓인지 지역민보다는 외지에서 여행 온 사람들이 찾아오는 은근한 명소이다. 카페 주인은 여행 경험이 풍부해서 인도 여행의 경험을 살려 깊은 맛을 내는 '차이'를 만들어낸다. 이 차가 사람들에게 여행의 향수를 불어넣어 준다. 준상 씨를 만난 날도 인도 향 가득한 차를 앞에 놓고 두런두런 이야기를 나누었다. 어떻게 강릉에 오게 되었는지, 살 만한지…. 깊은 교분이 없는 준상 씨에게 심문이 되지 않도록 조심하며 그의 마음 안으로 한 걸음씩 들어갔다.

"수원에 살았어요. 도시에서 살면서 내가 어디로 가는지, 무엇을 하는지 알 수 없었고, 나는 거대한 도시의 부품에 지나지 않는다는 생각에 염증을 느끼고 있었어요. 그러다 강릉 단오 답사를 오게 되었는데 거기서 재미있는 단오 체험을 했지요. 우리가 묵은 게스트하우스 사장님의 제안으로 영신행차에 참여하여 포졸 역할을 하게 되었는데 이 비일상의 경험이 제게는 굉장히 큰 매력으로 다가왔고, 강릉으로 오고 싶었지요. 그래서 강릉에서 할 수 있는 일을 열심히 찾았고, 한국출판문화산업진흥원이 추진하는 인문 활동가 지원 사업에 응모하여 강릉에 오게 되었어요. 2018년의 일입니다."

청년은 가슴에 담았던 도시살이의 고단함을 천천히 들려주었다. 직장과 학업을 오가며 삶을 고민했던 시간을 나직하게 풀어냈다. 다른 이의 마음 깊은 곳으로 들어갈 때는 숨 쉬는 것도 조심스럽다. 나는 연신 차이를 마시다 빈 컵을 만지작거리며 나직한 소리를 들으려고 몸을 그의 앞으로 더욱 기울이곤 했다.

그는 직장생활도 여러 해 했고, 창업과 취업, 그리고 다시 공부 등 자신에게 딱 맞는 것을 찾아 많은 시도를 했다고 한다. 그게 뭘 위해서인지 물음이 생겨서 거주지와 진로를 바꾸었고 새로운 환경에서 천천히 걸음하며 더 나은 삶을 위해 움직이는 중이다. 누가 어떤 시선으로 보는지는 신경 쓸 일이 아니다.

그는 요즘 도시재생 사업 영역에서 강의를 하고, 사람들과 머리를 맞대어 아이디어와 실행의 계획을 짠다. 강릉을 새롭게 디자인하는 일이다. 이런 프로젝트를 하면서 변화와 성과를 발견하는 삶을 이어간다. 그가 꾸는 꿈은 사람들이 각자의 개성을 가지고 살아가는 것이라고 한다. 온전한 주체가 되고 싶은 것이다.

준상 씨와 이야기를 나누다 분위기를 새롭게 하기 위해 명주상회 주인 정임 씨에게도 물었다. 이렇게 외지에서 오는 사람들을 어떻게 생각하느냐고. 정임 씨는 강릉 토박이다.

그녀는 준상 씨처럼 외지에서 온 사람들이 카페를 찾기도 하고 그들과 이야기를 나누기도 하는데, 이런 청년들이 때때로 다른 방식의 생각으로 이야기하는 것을 보면 지금까지와는 새로운 생각이 생기는 것 같아 좋다고 한다. 깊이 생각하지 않았던 지역 이슈, 한두 집 건너면 서로 아는 사이여서 문제가 있어도 말 못 하던 것을 논리 있게 이야기하고 용기 있게 행동하는 이주민들을 보면서 지역문제에 대해 다시 생각해보게 된단다. 소도시의 특성이 장점이기도 하고 단점이기도 한 현실에서 새로운 시선으로 바라볼 수 있고 적극적인 행동으로 지역을 변화시키려는 노력은 충분히 활력이 될 수 있을 것 같다.

긴 여행, 또는 이주의 징검다리

요즘 '제주 한 달 살기', 강릉 한 달 살기' 등 일정한 기간을 정하고 특정한 지역에서 거주하여 일상을 경험하며 긴 휴식을 취하는 방식이 새롭게 떠오르고 있다. 여행이라고 하기에는 조금 긴 시간을 낯선 지역에서 보내는 경험이다.

한 달 살기 프로젝트는 제주가 인기 장소이지만 강원도도 이에 못지않은 한 달 살기 지역으로 인기가 높다. 코로나19의 확산으로 재택근무가 늘어나면서 이 한 달 살기 프로젝트는 더욱 확대되고 있다. 장소에 제약을 비교적 덜 받는 사람들이 코로나가 창궐하는 대도시를 떠나 소도시로 피난을 하듯, 이주하여 단기간 생활하는 것이다.

청년층뿐만 아니라 은퇴자들이 새로운 삶의 방식을 선택하기 위한 탐색으로도 선호하고 있다. 한 달 살기 경험이 아예 눌러앉아 살게 되는 기회가 되기도 해서 강원도 같은 인구가 감소하는 지역에서는 이주를 준비하는 사람들에게 정책적으로 한 달 살기를 지원하기도 한다.

강릉에서는 장기적인 비전을 담은 청년 마을 만들기 사업인 '강릉 살자'가 추진되고 있다. 청년들의 지역 이주 플랫폼을 만들어 지역 정보를 제공하고 창업도 지원한다는 계획이다.

오랜 관성을 벗어나는 일은 쉽지 않지만 일찍부터 속도와 성과 중심의 삶에 회의를 느끼고 느린 삶을 꿈꾸는 젊은 층이 늘고 있는 것은 분명하다. 도심에서 팽팽한 긴장의 줄 위에서 곡예를 하는 것 같은 긴장감을 피해 삶의 전환을 꿈꾸며 긴 여행을 하거나 아예 중소도시로 거처를 옮겨 살아가는 방식을 선택하는 것이다.

고백하건대, 청년층의 이런 생활방식을 나는 완전하게 이해하지는 못한다. 늘 밀리지 않기 위해 애써왔고, 완벽하게 일을 해야 한다는 강박에서 살아온 나, 어느 날 그런 삶에 회의를 느끼고 직장을 그만두었지만, 그렇다고 해서 이후 삶이 완전하게 전환되었다고 단언하기 어렵다. 완장을 하나 벗어내고 조금 여유로워지기는 했지만 정신을 차려보면 어느새 예전의 리듬 안에 와 있곤 하는 나를 발견한다. 그렇게 하지 않으면 생존이 어렵기 때문이라는 당위성을 내세우며 다른 사람들을 채근하기도 하고, 팽팽한 긴장의 끈을 당기곤 한다.

이렇게 끊임없이 구심력과 원심력 사이에서 종종 구심력의 영향권에 놓이곤 하는 나는 청년들의 새로운 패러다임이 부럽기는 하지만 '언제 나처럼 치열해본 적이 있느냐'라고 가끔 속으로 묻곤 한다. 그 말을 차마 내뱉을 수는 없다. 꼰대임을 만천하에 드러내는 일이니 속마음을 꼭꼭 누르고 청년들을 관찰하곤 한다. 그래서 준상 씨의 일상과 앞으로의 계획 등이 계속 궁금하기만 했다. 이야기를 들으면서 다시 한번, '아, 다르구나' 하는 확인과 함께 '그래 이 청년처럼 사는 것도 삶을 제대로 들여다보고 작은 것을 온전하게 느끼는 것이구나' 하는 울림을 갖게 되었다.

지금까지와는 다른 삶의 방식을 선택하고 작은 도시에 살기로 작정하며 적극적인 준비를 하고, 일정한 기간의 목표를 만들고, 다시 천천히 그다음을 생각하는 삶, 내게는 없었던 삶이 부러웠다.

사람답게 사는 것, 사람 속에 사는 것

준상 씨와 이야기를 나누며 청년들이 치열한 경쟁구조에서 느끼는 외로움, 사람에 대한 그리움도 읽을 수 있었다. 그가 오랜 탐색을 통해 얻은 강릉에서의 일은 인문 활동가로서 강릉문화재단과 매칭한 프로젝트였는데 타던 차도 던져두고 배낭 하나로 강릉에 왔다고 한다. 그리고 지금까지와는 다른 공간과 시간 리듬이 새롭게 펼쳐지기 시작했다. 직장 동료가 빌려준 자전거를 타고 출퇴근할 수 있었고, 무엇보다 확 트인 시야를 누리며 강릉 시내를 다녔다. 한쪽으로는 대관령을 배경

옥계마을 산책길

으로 하며 지내고, 남대천이 도심 한가운데 흘렀다. 그리고 조금만 나가면 바다. 무엇보다 사람들이 그의 곁에 있었다.

친절하게 일상의 정보를 주고 객지 생활을 챙겨주는 다정함이 함께했다. 일터에서 삶터에서 만난 사람 이야기가 가장 많은 걸 보면 그는 마음을 나눌 이웃이 가장 그리웠던 건 아닐까 짐작하게 된다.

그렇게 예정했던 3년의 시간이 달콤하게 흘렀다. 그리고 그는 아직 강릉에서 살고 있다. 어른들이 생각하는 안정적인 정규직 일과 경제가 뒷받침되지는 않지만, 여전히 사람과 어울리는 일을 하고 있고, 2021년에는 결혼도 했다. 서울에서 직장

생활을 하던 아내는 강릉에서도 직장을 다니고 있다. 집도 장만했다. 결혼과 함께 '내 집 마련'이 서울이나 대도시에서는 꿈꿀 수 없는 일이겠지만 이룬 것.

건축 연도가 조금 된 아파트이지만 준상 씨는 강릉에서 제일 편안한 공간이 바로 집이라고 한다. 사실 처음에는 단독주택을 사려고 여기저기 탐색을 많이 했는데 마음에 드는 곳이 없어 고심하다가 초당의 소나무가 보이는 풍경이 좋아서 지금의 아파트를 구했다고 한다. 그리고 자신의 생각을 담은 인테리어를 더해 부부만의 행복 공간을 조성했다.

빼곡한 건물이 시야를 막지 않고, 시간을 다투며 마구 뛰어다니며 일을 하지 않아도 되는, 조금 느린 시간을 허용하는 작은 도시의 삶, 그것을 즐기는 그에게 여전히 감동은 사람이다.

이사를 가니 앞집에서 환영의 꽃다발을 건네고 가끔 현관문 앞에 음식을 걸어주고 나누어 먹는 이웃, 그런 정이 흐르는 곳이어서 그는 이곳에 정착하게 된 것 같다. 삶의 전환을 결행하여 강릉으로 이주하였고 노마드의 삶을 꿈꾸는 그는 언제까지 여기에서 살지는 알 수 없다고 말한다. 하지만 올해는 자신을 축적하는 일을 하고 싶다는 생각을 갖고 천천히 나아가겠다고 한다. 직장이 아니라 어떤 일을 하는가, 어떻게 사는가에 대한 가치를 소중히 여긴다.

강릉에서 만난 새로운 인연, 그리고 뜻밖에 다시 만나는 인연의 새로움, 이런 즐거움과 함께 무얼 하고, 보고, 사는 소비

강릉석양

형 여가와는 다른 작은 만남, 마음이 가는 곳에서의 차 한 잔. 그런 자잘한 일상에 녹아들며 사는 현재의 삶을 좋아한다.

우리가 함께 이야기를 나눈 곳도 알고 보니 준상 씨가 자주 들르는 곳이었다. 카페 주인과 반가운 인사를 하고, 홀로 차를 마시다 주인과 이야기도 나누는 곳, 딱히 누군가를 만나는 일이 아니어도 자유롭게 갈 수 있는 카페, 그런 틈을 만들어주는 곳에서 그는 자신이 무엇을 좋아하고 앞으로 또 어떤 일들을 하가며 살게 될지 천천히 생각하려고 한다.

우리가 만난 코로나19는 삶을 위협하면서 한편으로 그동안 살아왔던 삶을 돌아보게 했다. 대도시에서 치열한 경쟁을 하며 콩나물시루 같은 버스나 전철을 타고 이동하는 데만도 많은 시간을 소비해야 하는 삶, 경쟁하지 않으면 도태된다는 불안감과 더불어 성공과 물질적 부를 축적하느라 진을 빼는 삶이 과연 행복한 것인지 묻고 있다.

이런 물음을 하고, 서서히 답을 찾아가는 사람들이 많아지면 우리 사회는 더욱 건강해지지 않을까? 이렇게 질문하는 사람들을 위해서 지역이 더 활짝 팔을 벌리고 이들을 품어주어야 한다.

3부　묵묵히 내어주는 강원도의 '강, 마을, 사람들'

©설창섭

산은 강을 낳고,
강은 마을을 키우고

소양강과 북한강이 키워낸 삶과 문화

"너마저 몰라주면 나는 나는 어쩌나. 아~ 그리워서 애만 태우는 소양강 처녀…"

춘천의 소양강, 소양2교 다리 옆에는 '소양강 처녀비'가 있다. 그리고 그 인근에 노래비도 있는데, 이 노래비 앞에 있는 버튼을 누르면 국민 애창곡 〈소양강 처녀〉 노래가 나온다. 근처 소양동이 집인 나는 가끔 그곳으로 저녁 산책을 가곤 하는데, 갈 때마다 그 앞에서 한 번씩 버튼을 누르곤 한다. 나 같은 사람이 많은지 버튼은 자주 작동이 안 된다. 관리가 좀 더 세심했으면 좋겠다. 조금 더 정교한 시스템으로 바꾸든지….

레코드사에 근무하는 직원의 고향인 춘천에 놀러 왔던 작곡가 반야월에 의해 만들어졌다(작곡은 이호)는 노래는 기억되기 쉬운 반복 리듬을 타고 전 국민이 애창하는 노래가 되었고, 이후 새로운 버전으로 리메이크되기도 했다. 그 덕에 세대를 아우르는 노래가 되었다. 노래의 인기만큼 소양강에 대한 인지도도 높아졌다. 소양강, 그리고 소양강이 있는 춘천을 널리 알리는 역할을 여전히 톡톡히 하고 있다. 가히 춘천의 노래라고 할 만하다.

소양강은 노랫말 그대로 해가 저무는 석양 무렵 풍경이 아름답다. 소양1교와 소양2교가 있는 강변은 외지 관광객도 많고 산책하는 사람들로 늘 붐빈다. 요즘은 스카이워크도 생겨서 사람의 왕래가 잦아진 탓에 고즈넉함은 덜하지만 소양강 풍경을 보기에는 이만한 곳이 없다.

소양1교는 일제 강점기에 건축되어 6·25전쟁을 치르느라 아직도 총탄의 흔적을 안고 있고, 강북과 강남의 늘어나는 교

해 질 녘 소양강

통량을 감당하기 위해 새로 지어진 소양2교는 다리 위 아치형 조형물과 조명으로 인해 멀리서 보아도 한눈에 들어오며 눈길을 잡는다. 그러나 이런 건축물도 서쪽을 중심으로 펼쳐지는 자연경관의 아름다움을 따라잡지는 못한다.

강물은 차츰 검은색으로 가라앉기 시작하고 해는 건넛마을 서면으로 기울어지면서 산에 걸린다. 붉은 기운이 산언저리에 길게 드리우면 서쪽 하늘이 온통 붉어진다. 날씨에 따라 구름이 만들어내는 그림이 덧대어지면서 장관을 이루는데 그럴 때면 나도 모르게 "해 저문 소양강에 황혼이 지면…"하고 흥얼거리며 걷게 된다. 노래를 잘 부르지는 못하지만 노래를 불러야 하는 자리에서 이리 빼고 저리 빼다 불려 세워지면 마지못해 부르는 노래도 〈소양강 처녀〉이다.

춘천 사람으로서 청중에게 나를 각인시킨다는 마음으로 어설픈 음정을 돋우며 불러댄다. 그렇다고 이 노래를 썩 좋아하는 것은 아니다. 가사가 여성을 너무 소극적으로 그리고 있다는 것이 나의 불만이다. 소양강의 '처녀'(여성)들은 왜 멀리 떠난 임을 기다리며 이렇게 애가 타야 하는지, 이인직의 소설 《귀의 성》의 모티브가 된 춘천 기생 전계심의 전설까지 상기되면서 임들은 홀홀 서울로 떠나고, 남아있는 여성들이 하염없이 그 임을 기다리는 처지로 표현되는 것에 슬그머니 화가 난다. 하지만 이렇게 심각한 의미를 생각하는 사람은 별로 없을 게다. 춘천에서 오래 살아온 처지이니 '소양강 처녀'의 애절함에 동화되어 답답한 것이다. 기다리고 잊혀지는 지역과 지역 사람의 마음으로 투정을 하게 되는 것이다. 수동적이고 대상화되고 있는 지역민의 불만 섞인 해석이다.

춘천에는 북쪽으로부터 2개의 강이 흐른다. 하나는 인제 방면에서 시작하는 소양강이고, 하나는 금강산에서부터 흘러오는 북한강이다. 2개의 강은 각각 많은 지류를 품으며 흐르다 춘천에 닿아 서로 만난다. 이렇게 강은 한 몸을 이루어서 가평, 청평, 양수리까지 이어지며 한강으로 흘러간다.

소양강은 인제군 서화면 무산에서 발원한다고 전해져 왔다. 이곳에서 인북천에 이르러 인제군 북면 원통리에서 북천과 만나고, 인제읍 합강리에서 내린천과 만나 소양강이라는 이름을 갖게 된다. 이후 양구, 춘천으로 흐르는데 춘천의 삼천동에서 북한강에 합류한다. 산이 많은 강원도에서 산 사이에는 수많은 지류가 있다. 그래 어느 것이 발원지인지 종종 새로운 설이 등장해 수정되곤 한다. 소양강도 최근 여러 조사에서는 다른 물길이 시초라고 수정되고 있다. 홍천군 내면 명개리 만월봉(1,281미터) 남쪽 계곡에서 발원하여 북서쪽으로 흐르는 계방천이 원류라고 한다. 이 물은 자운천·방대천 등과 합하여 내린천이 된 후 인제군 인제읍 합강리에서 인북천과 합류되어 소양강을 이룬다는 것이다.

출발점이 조금 다르다 하더라도 강은 인제 방면에서 흘러가며 제각각의 이름을 갖다가 하나로 어우러져 소양강이라는 이름을 얻고, 물은 다시 북한강으로 합수되며 새로운 모습을 이룬다. 이 물길은 오래전 서울로 운송되는 뗏목이 가던 길이기도 했고, 중요한 물자를 실어 나르곤 했다. 다산 정약용은 북한강을 거슬러 배를 타고 두 번의 춘천·화천 여행을 했다.

1973년 춘천에 건설된 소양강댐이 완공되면서 배로, 뗏목으로 나아가는 물길은 막혔지만 강은 그래도 흐르고 그 물길마다 마을이 자리한다. 춘천 사람들의 가슴에는 소양강이 흐른다. 춘천에서 나고 자란 시인 이무상은 소양강을 이렇게 노래한다.

여름철 반짝이던 모래펄
지금은 깊은 수궁水宮이 되어
월척의 어족魚族들이 놀고
긴 날을 그늘에 울던
엄마의 빨래터엔
갈대들만 무성하다

6월의 한 맺힌 소양강
불꽃의 총성과 작열하는 포탄
그리고 쌓인 시체들
슬픈 역사의 소양강 변엔
자고 나면

낯선 빌딩

낯선 사람들이 들어와 있고

그날의 전적비戰績碑엔

백전불퇴의 병사들이

참혹한 옛날을 이야기하고 있다.

― 이무상, 〈소양강〉

시인은 댐으로 사라진 빨래터 모래펄을 추억하며, 6·25전쟁의 치열한 격전지였던 소양강을 이야기한다. 그에게는 지금 하루가 다르게 변해가는 강변 풍경이 낯설다. 지역의 현대사를 기억하는 시인의 기록이 소양강과 함께해온 춘천 사람들의 삶을 소환한다. 이 강가에서 일어났던 무수한 사건과 사연들을 시어로 건져낸 시인의 소양강은 노래비에서 흘러나오는 노래와는 다른 깊은 속 이야기, 소양강을 살아온 사람의 이야기이다.

북한강의 나루터와 마을

춘천에서 소양강을 품어 한강을 향해 흐르는 북한강은 강원도 금강산에서 출발한다. 강은 분단의 선을 무심히 넘어 남쪽의 작은 개천을 만나고 마을을 만나는 긴 여정 끝에 서울을 거쳐 서해에 이르러 그 생명을 다한다. 그것은 끝이 아니라 새로운 세상, 새로운 단계의 진화이기도 하다.

물과 물이 만나 어우러지다가 다시 큰 바다로 나아가는 강의 대장정은 출생에서 죽음에 이르기까지 삶의 굴곡과 흐름을 닮았다. 샛강들을 품고, 물살을 휘감는 여울을 만나고 다시 평온한 시간을 지나다 경사가 급하면 다시 급물살…. 굴곡을 지나 평온이 찾아오고 다시 소용돌이의 시간이 다가오는 우리네 삶도 강물 같다는 생각이 들곤 한다. 끊임없이 다른 것들을 품어가며 더욱 깊고 넓어지는 강물은 흐르는 사이사이 사람들을 넉넉히 품는 생명줄 역할을 아낌없이 한다.

대한민국의 수도 서울의 강, 한강을 이루는 2개의 물줄기는 북한강과 남한강이다. 그 가운데 북한강의 출발점은 금강산 부근에서 생성된 금강천이다. 이 물이 흘러서 김화군에서 금성천을 만나고, 이어서 화천에서 양구의 서천, 수입천 등과 섞이는 파로호, 그리고 춘천 방향으로 이어지며 강을 만든다. 사람들이 살아가는 인근의 강은 그 지역마다 이름을 얻는다. 그물과 함께하는 사람들이 자신들의 강으로 여기며 나름의 특징을 담아 고유한 이름 지어 부르고 함께 살아간다.

화천에서는 낭천, 춘천에서는 모진강, 그리고 소양강과 만나서 흐르며 신연강 등의 이름을 얻는다. 저마다 마을의 특징과 강의 모양을 살피며 이름을 붙였고 어울려 살아가지만 지역민이 아니면 이 긴 강을 그저 북한강으로만 이해한다. 이렇게 마을마다 흐르는 강은 제 이름을 가지며 그 이름과 어우러지는 이야기와 문화를 담는다.

김유정의 소설 〈산골 나그네〉에서 주인공 여성이 가난으로 가짜 결혼을 했다가 병든 남편과 도망치며 건너던 신연강, 강을 건너 시내로 나와 농산물을 팔아 자식들을 공부시켜 마을 이름까지 '박사마을'이 된 춘천 서면의 부모들이 건너던 금산 나루….

이렇게 강은 마을의 중심이고 그곳 사람들의 중요한 생활 공간이다.

도로가 발달하기 이전에는 강이 주요 운송 수단이었고, 그 주위에는 물류를 보관하고 운송하는 창倉, 배를 타고 내리는 나루들이 있었다. 빠른 길을 만들고 운송 수단이 바뀌면서 예전 뱃길들은 지명으로 그 흔적을 간신히 남기고 있다. 옥산포, 오미나루, 눈늪나루, 신연나루 등 북한강을 따라 걷다 보면 드문드문 옛 지명과 현재의 지명이 북한강 자전거길과 춘천의 의암호 나들길의 안내 표지판에 남아있다.

북한강에도 여러 개의 댐이 생기면서 물길들이 가다가 멈추곤 한다. 화천댐을 비롯해 춘천댐, 의암댐, 청평댐이 잇달아 있다. 청평댐을 제외하면 강원도에 있는 댐이다.

어느 곳이나 댐은 옛이야기를 물에 묻어둔다. 그 가운데 춘천의 고산孤山은 북한강이 흘러오면서 생긴 전설의 땅이다. 고산은 춘천의 상중도 위쪽 맨 끝부분에 있는 작은 산이다. 산이라고 하기에는 턱없이 낮은 고도(99미터)이지만 산이다. 이렇게 지형이 낮은 것은 댐이 생겼기 때문이다. 예전에는 평야에

소양호 마을을 오가는 배

우뚝 솟아있었기에 외로운 산, 고산이라 이름 지어졌을 것이라고 추정한다.

더 외로운 산, 고산(孤山)

고산은 부래산浮來山이라도 부르고, 춘천의 진산鎭山(지역을 지키는 산)인 봉의산과 짝지어 작은 봉의산이라고 하여 봉리대鳳離臺라 부르기도 하는 곳이다. 이 산은 옛 기록에 나와 있기도 하고 춘천의 명승으로 불리며 조선 시대 시문에도 등장한다.

이 산의 전설은 이렇다. 산은 원래 낭천강(화천강) 상류 금성에서 떠내려왔는데, 금성 땅의 관리가 찾아와서 원래 자기네 산이니 세금을 내라고 했단다. 이 난감한 상황에서 춘천 원님의 어린 아들이 기지를 발휘했다. "그러면 도로 가져가라"고 하자 그 관리는 아무 말 못 하고 돌아갔다는 것.

금성은 지금은 북한 땅인 철원의 위쪽에 있다. 북한강의 지류인 금성천이 있는 땅이고 강이 춘천 지역으로 흐르면서 생긴 전설이다. 기록에 "낮은 산에 10여 명이 앉을 수 있다"고 하는 고산은 지금은 사람이 자주 올라가는 곳이 아니지만 덤불을 헤치고 올라가 보면 우두 지역과 서면 강의 앞뒤가 제법 환히 보이며 전망이 좋다. 특히 석양 무렵이 아름답다. 춘천팔경으로 고산낙조孤山落照가 전해지는 이유이다. 주변 환경이 많이 변했어도 고산의 꼭대기에 앉아보면 옛사람들이 앉아서 즐겼을 풍광이 아스라이 전해진다. 이렇게 춘천팔경의 하나로 전해지고 김시습, 이항복의 시문 등이 뒷받침해주는 명소지만 지금은 강 사이에 머리만 뾰족 내밀어 이름만 간신히 유지하고 있다. 그래서 고산은 더욱 외로워 보인다.

의암댐이 생기면서 물가의 땅은 섬이 되었고 그 섬의 끝자락에서 간신히 역사를 증명해주는 고산을 보면서 시간은 많은 역사를 만들기도 하지만, 역사를 묻어두기도 한다는 것을 느낀다. 춘천은 이렇게 여러 개의 댐으로 인해 '강의 도시'에서, '호수의 도시'로 변했다. 도시는 더욱 정적인 이미지를 갖게 되었다.

산과 산 사이로 흐르며 한강의 원류가 된 북한강 주변은 자연경관이 아름답다. 그래서 옛 경춘선을 모티브로 〈춘천 가는 기차〉라는 노래도 생겼고, 정태춘은 북한강을 따라 군대에 가면서 바라본 새벽안개에 마음을 담아 〈북한강에서〉를 노래했다.

요즘 북한강은 양수리 방면의 북한강 철교에서 춘천 신매대교까지 '북한강 자전거길'이 생겨나면서 북한강의 풍광을 즐기는 자전거 여행자들이 이어진다.

북한강 변을 한 바퀴 도는 '의암호 나들길'이기도 한, 호수를 에두르는 길은 바쁜 일상을 떠나 마음을 씻고 새로운 에너지를 얻으려는 사람들을 언제나 반긴다. 윤슬이 빛나며 소곤거리고 깊은 산을 품은 물, 오랜 나루에서 삶을 이어갔을 옛사람들의 그림자가 어리는 강가에서 소설가 이외수는 신선의 세계를 발견한다. 그의 소설 《황금 비늘》에서 북한강, 소양강 주변은 낚시터와 안개가 어우러지며 소년에게 새로운 세상을 열어주고 있다.

안개 속을 헤엄쳐 다니는 무어霧魚의 황금 비늘의 비밀을 찾는 소년은 선계에서 왔다는 할아버지를 만나고 낚시터에서 삶의 숙제에 직면한다. 그리고 할아버지로부터 낚시의 도를 배운다. 그렇게 방황의 시간이 지난 뒤 아이는 자신이 살아온 이야기를 고백한 뒤 서울로 돌아간다. 그는 춘천을 떠나는 기

《황금 비늘》줄거리

부모에게 버려져 증오를 먼저 배운 소매치기 소년 동명. 소년은 경찰의
수배로 신변의 위협을 느껴 길을 떠났다가 춘천으로 가게 된다. 거기에
서 그는 안개 속을 헤엄치는 무어霧魚 이야기를 듣게 되고, 차 안에서 만
난 할아버지를 미행하다 격외선당이라는 암자를 가게 된다. 그리고 낚
시터에서 일하게 되면서 '사람은 왜 사는가'라는 문제를 만나게 되고 일
하는 낚시터 주인을 돕기 위해 다시 소매치기를 하게 된다. 그리고 무원
동의 물고기가 지닌 황금 비늘이 마음에 다가온다.

"인간은 행복해지기 위해 살아갑니다." 받은 숙제를 풀게 된 동명, '마음
안에 촛불을 환하게 켜놓으면 누구든지 저절로 알게 된다'는 길도 찾았
다. 자신의 과거도 털어버리고 기차에 오르는 그에게 창밖에서 황금빛
이 안개를 거두고 환하게 비춘다.

—이외수, 동문선, 1997.

차에서 황금빛 발광체를 보고 자신의 영혼이 황금빛으로 황
홀하게 물들어가는 경험을 한다. 새로운 세상으로 나아가는
길을 연 것이다.

북한강

강이 시작되는 곳

남한강과 낙동강의 출발지 태백

강원도는 한강을 이루는 2개의 큰 강을 만들어내는 곳이다. 하나는 강원도 북쪽에서 생성된 북한강이고, 또 다른 하나는 남한강의 원류인 태백의 검룡소에서부터 흐르는 강원도 남쪽의 강이다. 남한강 발원지인 검룡소는 태백시 창죽동에 있는데, 금대봉에 있는 샘과 대덕산, 비단봉 산자락의 수맥이 합하여 소沼가 형성되었다고 한다. 검룡소의 물은 정선 골지천을 이루고 영월 서강과 합류하여 충북 단양, 제천으로 이어진다. 충주호에서 모인 물은 북쪽으로 흐르다 팔당에서 북한강과 만나며 한강의 큰 물줄기를 이루게 된다.

남한강 발원지에 관해서는 오대산의 우통수于筒水라는 주장도 있었는데, 검룡소가 우통수보다 27킬로미터 상류임이 확인되면서 한강의 발원지로 공인되었다.

태백에는 낙동강의 발원지인 황지연못도 있어서 우리나라의 중요한 2개의 강이 시작되는 출발점이다. 강의 근원이 되는 땅, 우리 민족의 시원인 태백산의 이름을 빌린 땅에서 대한민국의 중요 강이 탄생했다는 것만으로도 이 땅의 의미를 되새겨볼 만하다.

황지연못은 전설도 품고 있다. 욕심 많은 부자가 승려에게 시주하지 않고 똥바가지를 주는 심술을 부려서 재앙을 입어 집이 가라앉아 연못이 되었다고 하는데, 마을이 가까이 있다는 것이 신기하다. 황지동 지역의 중심가에 있어서 공원으로 조성되어 있다. 연못은 이 부근의 가장 높은 산인 1,303미터의 매봉산에서부터 물줄기가 형성된 것으로 알려져 있다.

사진으로만 보던 한강 발원지 검룡소를 보기 위해 가던 날은 한겨울이었다. 며칠 전 눈이 왔기 때문에 잔뜩 겁을 먹으며 삼척에 간 김에 검룡소를 가보리라 큰맘 먹고 길을 나섰다. 삼척에서 도계로 가는 길은 제법 익숙하지만 태백에 들어서서 검룡소로 가는 길은 초행이었다. 강원도를 돌아다보려면 산길 운전을 각오해야 하는데 강원도 길의 진면목을 만났다. 건의령을 넘어 태백으로 가는 길은 골 깊은 산세와 몇 겹씩 이어지는 능선의 풍경이 압도했다. 하늘로 올라가고 있나 하는 숨 가쁨, 나를 싣고 가는 차가 갑자기 멈춰 설 것 같은 불안을 가는 내내 가슴에 담아야 했다. 산, 산, 산… 저 산은 왜 저리 주름이 깊게 팼나. 세월이 참 오래되었나 보다. 산이 주는 위압감에 몇 번을 서서 한참씩 바라보곤 했다.

고개를 넘어서 창죽동으로 가는 길은 2차선 도로인데 이 길에서도 불안감은 멈추지 않는다. 길과 길 사이에 산이 바짝 다가와 있는 것이 마치 협곡을 지나는 기분이다. 게다가 해가 벌써 산에 걸려있다. 오후 3시를 조금 지났는데, 곧 해가 보이지 않을 것 같아서 어두워서야 검룡소를 가게 되는 건 아닌지 걱정이 마구 솟는다. 그런 마음을 진정시키며 가까스로 검룡소 입구에 닿았다. '한강의 발원지' 커다란 돌에 새겨있는 글씨를 만나니 오랜 친구를 만난 듯 반갑다. 이미 해가 기우는 탓인지 탐방객이 거의 없다. 소가 있는 곳으로 걸음을 서두르는데 중년의 남녀가 걸어 나온다. 올라가는 사람은 보이지 않는다.

계곡을 따라가는 길이 차츰 마음을 가라앉혀 준다. 겨울이어서 계곡물은 얼었고, 물이 흐르다 멈추어 있는 건천이 보이는데 이곳이 석회암 지대라 지하로 물이 스며들어서 그렇다는 설명이 담긴 안내문이 있다. 조금 더 오르니 물소리가 들린다. 이내 검룡소 표지가 나온다. 소를 쉽게 내려다볼 수 있도록 계단을 만들어놓았다. 참 친절하기도 하다. 계단 위에는 전망을 고려한 데크가 있어서 물이 솟는 용천대가 잘 보이고, 층을 이루며 흐르는 물소리가 한겨울에도 맑게 들린다. 물소리에 끌려 동영상도 찍고 혼자 검룡소 주변을 오르락내리락, 나의 첫 검룡소 방문을 기념하며 눈과 마음으로 주변을 깊이 담는다.

깊은 산의 맑은 기운에 긴 호흡을 몇 번씩 이어본다. 해가 지고 있다는 근심이 되돌리는 걸음을 재촉하지만 내려오는 길은 갈 때와는 다르게 여유롭다. "깊은 산속 옹달샘 누가 와서 먹나요. 새벽에 토끼가 눈 비비고 일어나…." 동요가 떠오르는 지금 이 시간의 넉넉함이 한없이 감사하다.

이 작은 샘이 계곡을 따라 이어가고 수많은 작은 냇물을 만나는 여정, 그 출발은 이렇게 신선하고 소박하다. 많은 이들에

한강 발원지 검룡소 가는 길

게 생명의 강이 되어줄 물줄기는 나직이 흐르며 마음을 다독인다. 물소리에 잠시 서서 눈을 감아본다. 내려오는 길에 멈춰 서서 또다시 크게 숨을 들이쉬며 냄새도 맡아본다. 오감으로 다가오는 검룡소, 자신의 공간에서 나직하게, 담담하게 살아온 강원도 사람들의 향기도 살그머니 맡아본다.

강은 누구를 위해 있을까

산은 자신의 깊은 속에서 물줄기를 잉태한다. 수맥이 형성되고 샘이 솟아나고 그것은 다시 계곡을 타고 흐른다. 사람들이 살아가는 데 중요한 강물의 출발이다. 산과 강은 전혀 다른 성격인 것 같지만 강은 산의 품에서 탄생한다. 강원도의 산은 수많은 내와 강을 만들어 서쪽으로 흘려보낸다.

서울 사람들이 살아가는 젖줄 한강, 그 한강의 모태가 되는 북한강과 남한강이 강원도 백두대간에서 출발한다. 산 깊은 마을 태백이 이 한강의 출발점이다. 산줄기에서 시작해 계곡을 이루고 다른 산의 작은 내를 품으며 고을고을을 돌아 물길이 흐른다. 강원도에서 충청도와 경기도를 거치며 서울로 이어진 강의 역사는 곳곳마다 물길의 흔적을 따라 문화를 남겼다.

하지만 근대에 들어서면서 서울의 문화 근간이 된 한강을 만들어낸 강원도의 땅은 오히려 그 물로 인해 손해를 입고 있다는 피해의식을 안고 있다. 무엇보다 수도권의 상수원이기에 개발이 제한되는 일이 많다. 또 수량 관리와 전력 생산을 위해 강마다 무수한 댐이 생겨나면서 마을들이 사라지고, 물길이 막히는 불편을 겪고 있다.

화천댐, 춘천댐, 의암댐 등 북한강 줄기의 댐들, 그리고 소양강을 막아 만든 소양강댐, 남한강으로 흐르는 동강도 댐 건설 계획이 수립되면서 깊은 진통을 겪었다. 1997년, 정부는 동강 일대를 영월댐(동강댐) 건설 예정지로 지정한다. 1990년 홍수로 인해 일산 등지와 영월 지역 피해가 크게 일어난 뒤의 일이다.

갈등은 그때부터 시작되었다. 아니, 그 이전부터 논란은 이어져 왔다. 정부의 발표 이후 아름다운 영월의 자연환경이 물에 잠기는 것을 반대하는 환경단체의 목소리가 더욱 거셌다. 주민과 지역 자치단체, 환경단체들은 각각 시선이 달랐다. 만성적으로 수해를 입는 지역은 어떤 형태로든 대책을 필요로 했다.

환경보존의 논리는 전국적인 이슈가 되었고 급기야 정부는 댐 건설을 재검토하기 시작했다. 2000년 6월 25일 김대중 대통령에 의해 댐 건설 백지화가 선언되었다. 하지만 그러는 동안 10년이 넘게 지역 주민들은 강을 잃고 삶도 잃었다. 주민들 간에도 찬성과 반대가 갈렸고, 댐 건설 예정지로 지정되면서 농사를 지을 수 없었을 뿐만 아니라 보상금을 둘러싼 사기에 휘말리기도 했다.

댐 건설이 백지화된 이후의 후유증은 더 컸다. 강 유역은 자연 휴식년지가 되었고 이어서 생태보전 지역으로 고시되면서 출입이 통제되는 등 자연을 보호하기 위한 정책이 이어졌지만 정작 이 강가에서 삶을 일구던 사람들을 세심히게 살피지 못했다.

지역 언론사 기자인 내 후배는 이런 현실을 꼼꼼하게 답사하여《사람의 땅 동강을 말한다》라는 르포집을 냈다. 그는 자연의 아름다움이 있고 우리가 오랫동안 보전해야 할 생명이 있지만, 거기에는 또 그 자연과 어우러져 살아온 사람들이 있다는 것, 외부자의 시선이 아니라 삶의 현장을 함께 들여다보고 생존의 길을 찾는 내부자의 시선이 필요하다는 것을 이야

춘천 의암댐

기했다. 아니, 그 목소리를 가감 없이 전달했다.

"바깥 사람들이 관심을 갖기 전부터 그들은 나무와 새, 물고기와 함께했어요. 동강의 순결함을 지키고 동강과 더불어 살 수밖에 없는 사람들이 있어요."

삶의 현장으로 찾아와 자신들의 속소리를 들어주는 것만으로도 환대를 받았다는 후배는 '동강 기자'라는 별칭을 얻었다. 그에게 주민들이 물었단다. 물은 평등한데 우리는 왜 평등하지 않으냐고….

강을 끼고 있는 인근 땅에서 농사를 짓고, 관광객도 맞으며 살아가는 사람들, 그들은 '삶'을 강조한다.

반대로 자연을 그대로 두고, 그 자연의 생명도 보호해야 한다는 환경적 관점의 사람들…. 누구에게 돌을 던질 수 있을까. 하지만 이런저런 이유로 보존만을 내세우며 일방적인 불편을 가중하는 지역민의 삶을 살펴주는 방법은 없을까? 자연이 중요한 자원인 강원도는 종종 이런 딜레마에 빠진다.

고향을 물에 가둔 사람들

댐의 그늘

동강댐 건설은 영월, 평창, 정선 등 3개 시군 지역과 그곳에 사는 주민들의 삶터를 크게 바꾸는 일이었다. 영월 지역은 비만 오면 만성 수해를 겪었고, 무엇보다 경기 지역의 수해가 이어지면서 댐 건설 계획이 수립된 것이다. 하지만 이 계획은 동강 주변 지연환경에 대한 관심이 높아지면서 극심한 반대 여론이 형성되었다. 환경단체는 연일 동강 주변의 환경 훼손을 반대하며 시위에 나섰다. 이로 인해 사업 계획은 지연되고 정부가 세운 건립 계획을 완전 후퇴하기까지 긴 시간을 끌었다.

3년여의 시간, 건립 논의가 있던 시간부터 따지면 10여 년 동안 개발에 묶여있던 주민들의 삶은 어땠을까? 개발이 가져오는 보상을 위해 과도하게 농작물을 심는가 하면 한편으로는 주택을 새로 짓거나 고치지 못하는 멈춤의 시간이었다. 언제 이곳을 떠나야 할지, 어디로 가야 할지 알 수 없는 시간, 불안한 시간 속에 댐 건설을 이유로 다리 하나 새로 놓아주지 않으면서 극심한 불편에 시달렸다. 비가 오면 무용지물이 되어 주민들의 생명을 위협하는 다리를 고칠 수 없어 생명을 잃기도 했다.

댐은 물을 효율적으로 관리하기 위해 건설되지만 그 그늘이 너무 크다. 특히 마을이 물에 잠기면서 사람들을 고향에서 몰아낸다. 이름하여 수몰민이다.

남한강의 상류 동강댐은 결국 백지화되었고 피폐해진 주민들은 환경보전 정책 아래 또 다른 삶의 불편을 겪었지만 대부분 고향에 남았다. 하지만 이와 반대로 '동양 최대의 사력댐'이라는 수식어를 달고 건설된 소양강댐은 인제, 양구, 춘천(옛 춘성) 등 소양강 주변 지역 3개 군 6개면 38개 리의 마을 주민 3,000여 세대(1만 8,546명)를 수몰민으로 만들었다.

태어나고 자란 곳, 어느 날 갑자기 그곳을 떠나야 했던 수몰민들의 이야기는 들을수록 애잔하다.

춘천시 북산면 내평리는 동네가 거의 수몰되어 현재 1개 반에 8가구가 살고 있다. 소양강의 안쪽 들판, 인근 지역에서 가장 넓은 이 땅은 소양강댐 건설로 인해 물에 갇혔고 주민들은 뿔뿔이 흩어졌다. 권혁복 씨는 이곳에서 초등학교를 졸업하고 자전거 수리점을 운영하며 부모님과 살고 있었다. 친구들과 냇가로 천렵을 하고 자전거를 타고 인근 추곡약수터로 놀러 가곤 했다. 강 사이로 나있는 출렁다리를 건너 동면 물로리 한천자漢天子 묘에도 갔다. 강이 흘렀지만 북산면과 동면은 막히지 않아서 동면 물로리나 품안리, 품걸리 아이들이 내평 초등학교를 다녔다.

한 생활권이었던 동네가 댐이 생기면서 마을을 갈라놓았고 어울려 살던 이웃들은 하나둘 고향을 떠났다. 수몰 보상이 이루어지면서 권혁복 씨네 가족은 충청도로 이사 가기 위해 준비를 했다. 고향을 떠나는 아쉬움이 큰 권 씨는 카메라를 가지고 있었기에 고향 산천을 하나씩 사진으로 남겼다. 고향을 떠나는 것은 큰 두려움이었다. 멀리 이사간다는 것이 너무 싫었던 형과 자신이 강력하게 우겨서 결국 가족은 춘천 외곽 마을인 학곡리로 이주했다.

삶의 이런저런 굴곡 속에 여전히 춘천의 변두리에 살던 그는 예순 살을 넘기면서 수몰된 고향이 내려다보이는 내평리의 소양호 언덕으로 이사했다. 산양삼, 버섯 등 특용작물을 기르면서 고향 마을에서 노년을 보내고 있다. 그가 이곳에 살고 있으니 친구들도 하나둘씩 그를 만나러 온다. 고향에 아는 사람이 있다는 것, 비록 고향 마을을 볼 수 없어도 고향 사람이 인근에 있으니 고향을 본 듯 그를 보는 거라고 짐작된다.

내평리 수몰민들은 그들의 학교(내평초등학교) 동문회를 물 위에서 한다. 지금은 물속에 있는 학교, 그리고 살던 마을을 조금 더 가까이 가보고 싶은 마음에 배를 타고 소양호를 돈다. "여기 어디쯤이 우리 집일 거야." "학교는 이쯤인가…?" 물 위에서 약도를 그려보고 옛 교가를 낮게 읊조리다 합창을 이룬다.

높이 솟은 가리산은 소양강에다

웅장하다 그 이름은 번영하도다

청록 속에 흘러가는 우리 학교는

낙원 속에 솟아 나와 초석이 되며

영구히 그 이름을 비추나니

오~ 우리들의 자유의 낙원

영구히 번져나갈 내평학교야

오~ 우리들의 자유의 낙원

소양강 풍경

"항의도 제대로 못 하고 사방으로 흩어졌어요"

"지금은 세상이 많이 좋아져서, 댐 문제 때문에 맨날 데모하구 이런 걸 볼 때는 좀, 우린 아쉬워요. 항의 한번 못 해봤으니까…. 없는 사람들은 떠나기가 너무 힘들고 그러니까. 항의는, (댐 건설에 대해)얘기만 했을 뿐이지. 어디 뭐, 정부나 법이나 어디다 항의할 수 있는 그 틈이 없었다고 볼까? 아니믄 모른다 그럴까. (…) 보상이 되구 댐 작업 들어가면서 이사 가라

하니까는… 진짜 맨 나중까지 있던 사람들은, 돈이 없어서 못 나가는 사람들만 남았었구. '그래 덕분에 도시에 가 살자' 하는 사람들은 일찍 일찍 나갔지. 보상빋아 가지구."

댐 건설 계획이 확정되면서 고향을 떠나야 했던 소양강댐 수몰민들은 이렇다 할 항의 한번 제대로 못 해보고 '나라에서 하는 일이니' 구순하게 이삿짐을 쌌다. 몇몇 지식인들 중심으로 정부와 대화 테이블에 앉기는 했지만 변변한 협상이 되지 못했고, 또 다수의 주민은 알 수 없는 일이었다. 공동체를 이루고 살던 이웃들이 그렇게 뿔뿔이 흩어진 것을 권혁복 씨는 마치 옥수수를 튀기면 그 튀밥이 사방으로 흩어지듯, 뿌리를 잃고 흩어졌다고 표현한다.

"강냉이(옥수수)를 튀기면 휙 날아가 버리는 거, 사방으로 휙 날아가 버렸어요."

개발과 보존 사이에는 늘 이해관계가 상충한다. 거기에 지역 주민들의 삶이 끼어있다. 자연과 어우러져서 그곳의 일부가 되었던 사람들, 그들의 삶도 존중되는 정책은 없는 걸까?

극렬한 시위 한번 못 해보고 순응하여 고향을 떠났던 권 씨는 이제야 소양강댐에 수몰전시관이 건립된다는 소식에 앨범을 뒤적여 사진을 건네고, 고향 마을의 지도도 상세히 그려준다. 면사무소, 지서, 교회, 그리고 막국숫집 겸 술집 3개, 가설극장…. 고향 산천과 마을의 모습을 그리는 그의 모습은 50년의 시간을 훌쩍 건너가 있는 소년이다.

수몰 이야기를 듣겠다고 찾아간 나에게 말린 표고와 시래기 등을 잔뜩 건네준다. 써갔던 자료 보관증도 필요 없다 하며 낡은 사진을 통째로 내어준다. 그것을 받아 들고 오는 내 마음은 소양호 물가에 내 고향을 두고 오는 것 같은 마음이다. 소양호에는 사람들의 질긴 고향의 끈이 사람들 떠난 낡은 배 터에 여전히 매여있다.

강원도 말,
강원도 마음

대관령을 넘은 사연

최근 강릉에서 3년간 살았다. 춘천에서 태어나서 자랐고 생의 대부분을 춘천에서 지낸 나는 이처럼 붙박이 환경이 때때로 콤플렉스이기도 했다. 삶이 너무 관성적이고 진보가 없는 게 아닌가, 종종 아쉽기도 하고⋯. 이런 삶을 꿈꾼 것은 아니었는데 욕망만큼 환경을 바꾸지 못하고 태생지에서 줄곧 살게 된 것이다. 마치 다 씻어내지 못한 찌꺼기가 그릇 밑바닥에 눌어붙어 있듯, 내 삶의 욕구불만으로 담고 다녔다. 그 불만이 내재한 탓일까. 남편은 타지 사람을 만났지만 그 또한 혼인과 함께 춘천으로 이주, 정착하여 춘천 사람이 되어가는 동화를 겪었다.

그렇게 나이 들어가는 우리는 다가올 노후에 조금 다른 삶을 살면 어떻겠냐고 이야기하곤 했다. 남편보다는 내가 더 열성을 보이면서. 그래서 한 도시에서의 큰 변화 없는 삶을 벗어나기 위해서 어느 낯선 도시에서 서너 달이라도 살아보자는 이야기를 종종 하곤 했다. 하지만 말이 앞설 뿐 행동으로 옮기지 못한 채 노년기가 서서히 다가오고 있었다.

그런데 은퇴가 가까운 나이가 되어서 적지 않은 월급을 주는 강원도 산하의 공공기관에서 3년간 일하는 기회를 얻었다. 같은 강원도 땅이지만 내가 사는 곳에서 한참 멀리 대관령을 넘어가야 했다. 영 너머 마을은 어쩌다 출장을 가거나 아니면 여행으로 하루 이틀 다녀오는 것이 고작이었는데 살러 가야 한다니….

약간의 두려움이 일었지만 평소 꿈꾸던 일이 10배로 뻥튀기되어 이루어진 것이었다. 자그마치 3년의 시간이다. 축복이 아닌가. '두려울 게 무어랴, 즐겁게 지내보자.' 나는 낯선 곳에 대한 두려움을 호기심과 새로움으로 마음을 바꾸어가며 대관령을 넘었다.

나의 근무지는 강릉, 동해와 인접해 있어서 생활권이 동해와 더 가까이 연결된 옥계면이었다. 이왕 새로운 곳에서 살아갈 바에야 강릉 시내를 벗어나 직장이 있는 옥계에서 먹고 자는 일상도 누리기로 했다. 도시에서만 살았던 내 삶에 새로운 경험을 더할 수 있는 농촌 생활도 누려보자며 모험을 시작한 것이다.

이삿짐 싸기는 단출했다. 작은 방을 얻어 혼자 살기, 낯선 곳에 살기, 미니멀 라이프 실천, 그야말로 평생 하지 않았던 여러 일을 해보기로 했다. 그래서 숟가락, 젓가락도 1개씩만,

냄비도 1개, 나름 예쁜 그릇을 골라서 최소한의 수량을 챙겨 넣는 마음은 제법 비장했다.

이렇게 혼자 살기가 된 깃은 자기 일이 있는 남편이 내 근무지로 따라올 사정이 아니었기 때문이었는데, 나로서는 온전히 나에게 집중할 수 있는 시간이었고, 그것은 타인의 부러움을 사는 일이기도 했다. 옥계에 있는 동안 내 직장에 찾아온 지인 중 여성들은 내가 남편과 떨어져 혼자 지내고 있다는 것에 무한한 부러움을 드러내곤 했다. 적지 않은 중년 여성들이 가족과 떨어져 혼자 있고 싶어 한다는 걸 그때 확실히 알았다. 가족을 중심으로 하며 희생의 삶을 사는 많은 여성이 자기만의 시간, 자기중심의 일을 갖는 것을 꿈꾸고 있는 것이다.

강릉의 3년은 생각보다 빨리 지나갔고, 나는 다시 춘천으로 돌아와 글을 쓰고 문화와 연관된 일을 하며 지낸다. 강릉의 시간을 돌아보면 마음이 일렁인다. 내 삶의 특별한 시간이었다.

모처럼의 낯선 도시에서 살게 된 기회를 충분히 누리기 위해 틈틈이 몸을 움직이며 많은 것을 시도했다. 지역 구석구석을 찾아다니고 혼자 독립영화관, 공연장, 전시실 등 문화를 누리는 것도 놓치지 않았다. 하지만 주중에는 강릉에서 일을 하고 주말에는 춘천에 가는 날이 더 많다 보니 생각만큼 쏘다니지는 못했다. 아직도 벼르다가 가지 못한 강릉의 곳곳을 버킷리스트에 담아 꿈꾸곤 한다. 그중에서도 내가 제대로 실천하지 못해서 아쉬운 것 중의 하나가 강릉 말을 제대로 공부하지 못했다는 것이다.

태백 준령을 사이에 둔 강원도는 바닷가와 산간지대로 나뉘는데 자연환경의 차이만큼 문화의 색깔도 다양하다. 전승되는 민요도 다르고 각종 생활문화에도 차이를 보인다. 그중에서도 언어의 벽은 꽤 높다. 강릉 말도 내게는 그랬다. 그 지역 언어를 쓰는 사람과 안 쓰는 사람이 확연하게 갈리는 동네, 그곳에서는 이방인은 너무 티가 났다. 주민등록을 옮기고 면 단위 마을에 살면서 이런저런 마을 행사에도 참여해 보았지만 언어는 너무나 선연하게 금을 보였다.

특히 동네 경로잔치, 송년 행사 등에 가면 사회자가 억양 센 말로 진행을 하고, 지역 유지들도 하나같이 이 지역 말을 쓰는 가운데 있으면 왠지 소외감이 들고 이방인이라는 정체감이 돋아나곤 했다. 직장에는 다양한 지역 출신이 있고, 강릉이 고향인 직원들도 오랜 사회생활 탓에 억양이 약하지만 마을 행사에 가면 지역의 원어가 그대로 다가오곤 했다.

하지만 나의 이 깊은 소외감과는 반대로 지역민들은 그렇게 자기 지역의 언어를 쓰면서 공동체 의식을 강화하고 지역의 자부심을 키운다. 내가 살던 옥계는 강릉 지역에서 멀리 있는 면 지역이지만 마을에 대한 자부심도 크고 은근히 지역의 기세도 강해서 마을의 이런저런 행사에 자치단체장이나 시·도 의원들이 자주 얼굴을 비추곤 했다. 마을에는 250년 수령의 고욤나무가 천연기념물로 지정되어 있고, 옥계오일장이 역사를 자랑한다. 그런가 하면 누구 집 아들이, 딸이 유명 대학에 합격하거나 이름 있는 곳에 취업해도 플래카드가 나붙는다. 전통적인 풍습이 꽤 남아있다. 산속으로 시멘트 공장이 있고, 바닷가에 산업단지가 들어서는 등 마을이 변화되는 가운데도 공동체의 연대감이 여전히 끈끈하다.

'강릉 말'의 자부심

'강릉 말'을 '강릉 사투리'로 표현하는 게 더 익숙하고 정확한지 모르겠다. 지역마다 존재하는 사투리가 제법 가치 있는 지역사이며 생활문화의 하나라는 것을 생각해보아야 한다.

우리말 표준어 규정에는 "표준어는 교양 있는 사람들이 두루 쓰는 현대 서울말로 정함을 원칙으로 한다"고 되어있다. 서울말을 표준어로 하고 있으므로 여타의 다른 지역 언어는 비표준어, 사투리로 치부된다. 그런데 지역민의 관점에서 보면, 지역 말은 오랫동안 그 지역에 살면서 축적한 생활 경험이며 문화 자산이다. 다른 지역으로 이주하거나 이동하기 전까지는 이웃과 함께 일상을 나누는 언어이다. 생활이 담긴 말이다.

강원도 지역에서도 바닷가 언어는 억양이 세고 말이 짧다. 속초·고성 지역에서 강릉 삼척으로 바다를 끼고 내려가다 보면 그 강한 억양을 확연히 느끼는데, 지역마다 조금씩 차이가 있다. 얼핏 들으면 잘 느낄 수 없는 미묘함인데 영동 지역민들은 묘하게 잘 구분한다.

말은 생활에서 뒤섞이며 변화해간다. 원주민과 지역으로 살러 온 이주민들이 어울리면서 새로운 말이 탄생하곤 한다. 속초 지역이 그 모습을 잘 보여준다. 속초, 고성은 지리적으로 북한과 가까운데 6·25전쟁 이후 함경도 지역 사람들이 많이 내려와 살게 되었다. 전쟁이 끝나면 곧 고향에 갈 생각으로 북한 가까운 곳에 임시 생활 터를 마련했고, 그 임시 거처는 그들의 영원한 제2의 고향이 되었다. 북한 지역 사람들이 많이 거주한 탓에 언어도 섞였다. 속초 말은 얼핏 들으면 북한 말이고, 자세히 들으면 바닷가 언어이다. 거친 파도와 바람 속에서 대화를 나누려 하니 소리가 크고 언어는 간결하다.

강릉·삼척 지역은 이와는 또 다른 억양과 언어를 갖고 있다. 그중에서도 강릉은 자기 지역의 말에 자부심이 강하다. 신라 시대부터 군왕이 있을 만큼 자치 구역이었으며 인구 유동이 많지 않아 몇몇 성씨를 중심으로 한 마을을 이루면서 고유한 언어, 생활 습관 등 개성 있는 지역문화가 뿌리내렸다. 지역 말에 대한 자부심도 커서 강릉사투리보존회가 있으며, 견고하게 맥을 유지하고 있는 단오에서도 매년 강릉사투리 경연대회를 연다.

강릉에서 사는 동안 이 사투리 경연대회를 매년 구경 갔다. 유치원 아이에서부터 노인에 이르기까지 다양한 계층의 사람들이 나와서 흥미로운 이야깃거리를 구성해 자기 지역 말을 한다. 유치원 아이들이 사투리로 노래를 개사해 "마카(모두) 모여~"를 외칠 때는 너무 귀여워서 안아주고 싶었다.

그런 광경을 보며 이곳에 사는 동안 이곳 말을 조금 배워보고 싶다는 생각이 들었다. 그리고 더 나아가 우리 직원들과 사투리 경연대회에 나가면 어떨까 하는 상상을 해보았다. 강릉 토박이가 몇 명 있는 나의 직장에서 사투리로 인해 벌어지는 에피소드, 조금 더 구체적으로 각본을 짠다면, 처음에는 언어 차이로 인해 의사소통이 잘 안 되다가 서로 강릉 말을 쓰면서 이해하는 과정을 재미있게 구성하는 것이다. 그런다면 상을 탈 수도 있을 것 같았다. 하지만 이 공상은 업무가 바쁜데다 직원들의 동의를 흔쾌히 얻지 못해서 나의 상상으로만 남아버렸다.

그래도 몇 개의 문장은 구사해서 지역민들과 친화감을 느끼고 싶어서 시청 홈페이지에서 제공하는 강릉 말 자료를 읽어보고 이런저런 교육 자료를 뒤적였지만 결국 나는 이렇다 할 말을 익히지는 못했다. 애초에 단어 몇 개 외워서 되는 일이 아니었다.

조금 거친 듯하면서 낯설게 느껴지는 억양은 외지인인 나에게는 타지를 실감하게 하지만 또 그 툭툭한 말씨 너머 전해지는 묵직한 이 지역 사람 특유의 정을 느끼곤 했다.

한번은 강릉 출신으로 고향에서 근무하는 언론인과 강릉

강릉 사투리 경연대회에 참여한 어린이들

말에 대해 이야기를 나눈 적이 있는데, 이 사람은 본사인 춘천에서 근무하면서 자신의 거친 말투가 사람들로부터 건방지고 불친절하게 보여 오해를 많이 샀다는 하소연을 했다. 영서 지역에서 강릉 말을 듣는 느낌은 실제 그렇기는 하다. 나에게 대드는 것 같기도 하고, 그 무뚝뚝함이 당혹스러울 때도 있다. 하지만 자주 만나 이야기를 나누다 보면 곧 그 억양에 적응이 된다.

강릉 말에 비해 정선이나 평창 지역의 말은 또 다른 느낌이다. 대관령의 중턱, 강릉과 인접한 평창, 정선, 영월 지역은 전형적인 강원 내륙 산간이다. 산을 오르내리는 삶이 어김없이 언어에 담긴다. 이 지역은 유사한 생활문화가 뒤섞여 있다. 그러니 언어는 비슷하다.

바다 지역 말인 강릉 밀보다는 조금 느린 어투이면서도 억양의 일정 부분은 비슷한 느낌을 준다. 영화 〈웰컴 투 동막골〉(2005년 개봉)을 통해 강원도의 평창, 정선 지역 말이 많은 사람들에게 알려져 강원도 사투리 하면 많은 사람이 이 지역 말투를 생각하지만 바닷가뿐 아니라 산간 지역도 동네마다 언어가 조금씩 달라서 획일적으로 '강원도 사투리'로 규정하기는 어렵다.

영화 〈웰컴 투 동막골〉에서 순진무구한 산골 처녀 여일(강혜정)의 말과 표정, 세상 아무것도 모르는 것 같은 소녀의 모습은 사투리와 함께 그 이미지가 증폭된다. 이 영화에서 구사되는 어투는 개그 등에 한동안 차용되곤 했다.

> "내 좀 빨라. 난 참 이상혀. 숨도 안 맥히고, 있자누, 팔을 이래이래, 빨리 막 휘저으면 이 다리가 빨라지미, 이 다리가 빨라지면 팔은 더 빨라지미~"

사투리를 구사한다는 것은 세련되지 못한 것으로 인식되고, 역으로 순진함을 보여주는 상징 코드이기도 하다. 시골 사람에 대한 고정관념이다.

정선 지역 언어는 아리랑에도 그대로 드러난다. 느린 가락, 그 안에 담긴 삶의 고단함, 그래서 서글픔으로 다가오지만 가파른 땅에서 농사를 지으며 느리게, 그러나 쉼 없이 움직여온

산간 마을 사람들의 삶을 노랫말을 통해 어렴풋하게나마 느
낄 수 있다.

눈이 올라나 비가 올라나 억수장마 질라나
만수산 검은 구름이 막 모여든다.

솔보득이(소나무) 쓸 만한 것은 전봇대로 나가고
논밭전지 쓸 만한 것은 신작로로 나가네

요놈의 총각아 젓눈질(곁눈질)을 말아라
이 빠진 남박에 돌 넘어간다.

요놈의 총각아 치마꼬리를 놓아라
당사실로 금친 치마 콩뛰듯(콩튀듯) 한다.

얼그러진다(어그러진다), 복상(복숭아), 칠구랭이(칡넝쿨), 솔
보득이(소나무), 남게(나무), 날구장창(날마다)….

단어 하나하나만 놓고 보면 무슨 뜻인지 금방 알기 어려운
말들, 그만큼 이 지역 사람들의 오랜 삶이 사라지고 있다는 걸
의미한다. 그래도 노래로 남아 뮤지컬 등으로 재구성되면서
어렴풋하게 옛 정서를 전달하고 다음 세대에도 공감을 얻으
려고 애쓰고 있다.

달팽이 때문에 매 맞은 사연

사실 나는 표준말을 쓰고 있다고 생각했다. 도시에서 태어나 자랐고, 줄곧 글 쓰는 일을 하니, 맞춤법에도 민감하고 표준어 영향권 아래 있다고 믿었다. 하지만 춘천이 고향이 아닌 사람들이 나와 대화할 때면 차이를 느낀다고 한다. 쓰는 단어에는 큰 차이가 없을지 몰라도 억양에서 서울말과는 다른 그 무엇이 있다고 한다. 춘천 사람들의 억양 끝이 약간 올라간다고 해서 신경 써서 들으니 그런 듯하다.

억양에 대해서는 잘 인식을 못 해도 어릴 때부터 관성적으로 쓰던 단어들이 얼마나 많은지 가끔 떠올리곤 한다. 옥수수도 강냉이, 옥시기 등 여러 개의 단어로 불리지만 다 알아듣는다. 그중 사투리 때문에 생겼던 가장 억울한 일 하나.

중학교 때의 일이다. 괴팍한 생물 선생님은 우리가 문제의 답을 맞히지 못하면 늘 단체로 체벌을 하곤 했다. 어느 여름날, 선생님이 어떤 생물에 대해 물었을 때 우리는 일제히 "달팽이!" 하고 자신 있게 답했다. 하지만 선생님의 반응은 싸늘했다.

"뭐라고? …손 내밀어."

우리는 영문도 모르고 예의 그 박달나무 몽둥이로 손등을 맞았다. 너희들은 달팽이를 먹느냐고 하면서 싸늘하고도 비아냥거리는 말도 덧붙였다.

아! 그날의 정답은 '다슬기'였다. 강원도에서는 다슬기가 달팽이, 올갱이, 올뱅이, 고둥 등으로도 불린다는 것을 그 선생님이 알았더라면 우리가 그렇게 억울한 체벌을 당하지 않았을 텐데….

춘천 지역은 억양은 약하지만 좀 느릿한 말투의 사투리가 있고, 지역민들만의 통용어가 존재한다. 소설가 김유정은 이 언어들을 유심히 관찰하고 작품에 그대로 살려내면서 춘천의 시골 마을을 실감 나게 묘사했다. 김유정의 작품에는 1930년대 춘천 사람들의 언어가 살아있다. 가난하고, 그래서 슬프기도 하고 때로는 우스운 – 웃픈 – 현실은 이 언어가 있어서 더욱 실감 난다.

사투리 – 지역 언어는 그렇게 동시대, 동공간의 공감을 강화한다. 이렇게 같은 언어를 쓰는 이들의 정서적 공감이 어디 지난 세대의 일이기만 할까? 요즘 종종 젊은이들의 언어에 세대 차이를 느끼곤 한다. 일상적인 영어 쓰기와 줄임말, SNS에서 통용되는 언어는 그들만의 정서를 담고 있다.

지역 언어는 점점 사라지고 기록조차 많지 않다. 대부분 구전으로만 전해진다. 하지만 그 흔적을 기록하고 해석하여 지역별 언어의 변화, 삶의 변화를 읽어내야 하는 것도 지금 우리가 할 일이 아닐까 싶다.

강릉 말 사례

(가슴이) 제리제리하다 - 저리다

(소)갈비 - 솔잎(낙엽)

마카[마커, 모캐, 마큰] - 모두, 전부

맹글다 - 만들다

아까맨치로 - 아까처럼

어터[어타, 우터] - 어떻게

창지머리 - 성질, 성깔

작가들이
풀어내는
강원도의 색깔

문화에 담긴 동네 모습

최근 책을 냈다고 보내온 지인의 시집을 펼쳐 든다. 시 읽기는 늘 어렵다는 생각이 든다. 팩트를 체크하며 쓰는 글에 익숙한 나는 다양한 방식으로 드러내는 시어의 깊은 메타포를 자주 놓치는 것 같다. 몇 번을 읽어도 말끔하게 해석해내지 못하는 시인, 소설가 등 문인들의 글은 종종 이런 자괴감을 안겨준다.

그렇지만 객관적인 사실을 넘어서 작은 실마리로 때로는 우주를 읽어내고, 깊은 감동과 사유를 제공하는 것도 문학성이 풍부한 글들이다. 우리는 때때로 낯선 지역의 여행기를 읽으면서 가보지 못한 그곳에 대해 지독한 열망을 품곤 한다. 그것이 작가적 상상력을 가득 담은 글이라면 실제의 장소보다 더 동경하게 만든다. 문학뿐만 아니라 음악이나 영화도, 그런 끌림을 품고 있다. 예술이 갖는 힘이다.

문학이나 음악은 비교적 추상적인 이미지를 제공한다. 작품에 담은 장소는 그것을 읽어내는 독자들에게 무한대의 상상 공간이 된다. 반면 영화나 드라마와 같은 영상 이미지는 상상의 힘을 적게 들이면서 보다 구체적인 경험을 하게 한다. 실제의 장소에 가보는 것만으로도 영화나 드라마의 주인공과 같은 공간을 경험하며 그들의 감성에 동화되곤 하는 것이다. 조금 더 사실적인 감동을 주기 때문에 적극적으로 가보고 싶어지는 것이 아닐까.

그래서 지방자치단체들은 관광 효과가 있는 영화나 드라마 촬영 유치를 경쟁적으로 한다. 실제 투자에 비해 효과가 적은 경우도 있지만 영화산업의 호황과 더불어 영상산업을 지역의 경제 가치로 키우려는 자치단체가 늘고 있다. 강원도에서도 영상위원회를 운영하면서 영화 제작자들에게 체계적으로 로케이션 장소를 안내하고 제작 지원도 한다. 영화나 드라마가 어느 정도 인지도가 높아지면 그에 부응하여 대중들이 영상 속 장소를 찾아가 드라마의 줄거리를 반추하는 등 관광 효과가 있기 때문이다.

그런데 강원 지역의 영화나 드라마 촬영 장소는 현재의 이미지보다는 기억의 회상이나 과거의 시점을 담은 풍경이나 오랜 건축물이 포인트로 사용되곤 한다. 현재보다는 과거, 또 현재라고 하더라도 지난 시간을 찾아가는 주인공, 아니면 일상의 문제를 피해 잠시 여행의 공간으로 사용되기도 한다. 과거의 공간, 비일상의 공간인 경우가 많다.

몇 개의 사례를 들여다본다. 춘천은 드라마 〈겨울연가〉 (KBS. 2002년 방영. 배용준, 최지우 주연)가 인기리에 방영되면서 드라마가 촬영되었던 남이섬, 소양호 변, 소양로 기와집골의 오랜 집과 그 골목, 심지어 춘천고등학교 담장까지도 외국 관광객이 찾아오는 명소가 되었었다. 한류 드라마의 열풍을 몰고 오면서 특히 일본인들로부터 인기를 얻었던 〈겨울연가〉는 춘천의 곳곳마다, 주인공들이 고교 시절을 중심으로 러브스토리를 남긴 곳을 찾아다니는 외지인들의 걸음을 이끌었다. 드라마 주인공들의 성장과 사랑을 만든 곳, 춘천은 '한류韓流'의 중심으로 부상되기도 했다.

청춘 남녀들의 애틋한 러브스토리는 시절 불문하고 여러 색깔을 두르며 인기를 얻는다. 〈겨울연가〉보다 앞서 인기몰이를 하며 한류 붐을 일으켰던 드라마는 〈가을동화〉(KBS. 2000년 방영. 송승헌, 원빈, 송혜교 주연)이다. 남매처럼 자란 은서와 준서의 비극적인 사랑 이야기는 당시 시청률 40퍼센트가 넘는 인기를 누렸다. 〈가을동화〉의 은서가 친엄마와 살아가던 마을인 속초 아바이마을, 갯배와 은서네 집은 연인들의 발길을 이끌었고, 이 외에도 고성 화진포, 양양의 상운분교 등도 이 드라마의 인기에 힘입어 유명 관광지가 되었다. 이 가운데 상운분교는 주인공인 송승헌의 도자기 작업장으로 나왔던 곳인데 한동안 인기를 끌다가 찾는 이가 줄어들면서 철거되었다.

근래에 인기를 끌었던 드라마 〈태양의 후예〉(KBS. 2016년 방영. 송중기, 송혜교 주연)도 태백의 폐광지를 순간에 인기 관광지로 만들었다. 드라마 제작을 위해 한적한 지역인 옛 광산지대에 만든 군부대 세트장에 갑작스레 사람이 몰린 것이다. 부대 막사, 의무실 등 드라마 세트장이 보존되어 있는데 드라마의 인기와 더불어 찾는 이가 늘어나자 주인공들의 조각상까지 설치되었다.

　이 외에도 주문진의 드라마 〈도깨비〉 촬영 포인트와 방탄소년단의 뮤직비디오 촬영지인 버스정류장 등도 최근의 관광 명소로 인기를 누리고 있다. 어디 이뿐인가? 영화 〈동주〉의 촬영 배경지인 고성 왕곡마을, 역사 드라마나 영화의 촬영지로 자주 등장하는 강릉의 선교장船橋莊, 동해 무릉계곡 등 스토리가 덧대어진 장소마다 한바탕 소나기가 쏟아지듯 사람들의 호기심이 퍼붓는다. 하지만 이런 곳들은 뜨거운 관심이 무색할 만큼 금방 외면당한다. 촬영을 위해 인공으로 지어졌거나 이미지가 덧씌워졌던 건축물들은 쉽게 잊히곤 한다. 그 소란 뒤에 남는 것은 원래 그 자리에 있던 자연물이다. 그들은 누가 뭐라 해도 오랫동안 자신의 빛을 유지해왔기에 잠시 머물렀던 이야기들을 흘려보내고 다시 새로운 사람들의 이야기를 품어준다. 변하지 않는 빛으로 존재하는 산과, 바다, 그리고 제 모습을 더러 잃어가도 남아있는 마을들은 그렇게 달뜨던 이야기들을 흘려보내며 은은하게 제빛을 유지한다.

춘천 드라마 배경지

은은하게 그리고 길게 남는 이야기 터

　대중문화 배경지가 화려한 옷을 입으며 짧은 찬사를 받는 것에 비해 문학이나 음악 등에 담기는 장소들은 소박하지만 깊이가 있고 제법 긴 생명을 유지한다. 예술이 갖는 '오라*aura*'라고 해야 할까, 아니면 그 자체의 아름다움을 더 잘 담아냈기 때문일까.

　　황태 덕장엔 얼부푼 문장들이 이를 딱딱 맞추고 서있다
　　꽁꽁 언 하늘이 매바위 빙벽에 부딪혀 새파랗게 금이 갔다

폭설은 진부령 골짜기를 하얗게 펼쳐놓고 찬물에 몸 헹군
명태들은 플라스틱 끈에 코가 꿰어 바글바글 매달려 있다

골바람이 몸뚱어리 두드릴 땐 벌겋게 살 부대끼며
밤새 울었다

봄날 황태는 눈물 한 방울 흘리지 않는다

매달리는 건 무릎 꿇는 일이어서 봄볕이라도 따가워지면
동태는 성난 파도와 칼바람과 퍼들거리던 옛 기억마저
뽀송뽀송 지워버린다

힘을 뺀다는 건 경계를 뛰어넘는 일

악다문 어금니도 풀고 속살도 푸석푸석하게 부풀려 어느 쓰린 속
살갑게 어루만질 요량도 생기는 법이어서 황태 한 마리 찢어진다

뽀얀 국물엔 밸도 부아도 내던진 한 생애가 고스란히
녹아있다

펄펄 끓는 국물을 마시면서도 속이 뻥 뚫리는 것은 밤새도록 얼고
녹은 후에야 얻어낸 새벽 시구詩句처럼 칼바람 이겨낸 용대리가

갈피갈피 우러나오기 때문이다.

－송병숙, 〈용대리, 얼부풀다〉

용대리에서 황태가 만들어져 다시 황탯국으로 사람들에게 전해지는 것을 시어를 탄생시키는 일과 비유하여 인제 용대리를 그려낸 시인의 표현이 절묘하다. 어떻게 황태의 탄생 과정에서 자신의 시 쓰는 마음을 찾아냈을까, 감탄하게 된다. 시 한 편에서 용대리의 황태가 겪는 시간의 의미, 그리고 그 마을의 모습을 떠올리게 한다.

강원도의 곳곳, 많은 이들에게 알려진 곳이거나 아니면 누군가의 눈길이 많이 가지 않은 곳이라 하더라도 작가들은 자신만의 시선으로 강원도의 자연과 사람을 바라보고 그로 인해 많은 이들에게 특별함을 전해준다. 그곳이 작가에게는 오랜 시간을 이어온 고향이기도 하고, 잠시 마음의 위안을 위해 다년간 곳이기도 하다. 어떤 매력이 작가를 끌어당겼을지, 그것은 온전히 작가의 몫이고 우리는 그들의 작품에서 새로움으로, 아니면 익숙함과 깊은 눈으로 지역을 바라보게 된다.

춘천의 특별한 공간에 담은 이야기

춘천에 사는 소설가 오정희는 작품 〈옛 우물〉에서 지방 소도시에 사는 주인공 중년 여성을 통해 후평동의 '연당집'으로 불리는 오랜 가옥과 작은 아파트에서 유년의 공간을 떠올리게 하고, 그 공간을 중심으로 자신의 정체성을 찾아가는 이야기를 만들어냈다. 실재하는 장소인 그곳은 작가에 의해 문학 공간으로 의미화되었다. 남들이 눈여겨보지 않는 곳, 세월을 덮은 옛집을 불러냄으로써 여전히 쇠락해가고 있는 집이지만 문학 답사지로 변모시켰다. 그곳을 걸음하는 사람들은 소설 속 공간을 음미하며 그 집의 배경이 되어주는 '바보'가 어딘가에 쭈그리고 앉아있지는 않은지 두리번거리게 된다.

춘천이 고향인 소설가 박형서는 〈노란 육교〉에서 춘천에서 홍천으로 가는 옛길, 느랏재와 가락재로 이어지는 길을 망자의 길로 만들었다. 보랏빛 안개가 싸인 이 길은 망자들이 현생을 떠나 다음 생으로 가는 길이며, 이 광경을 보기 위해 육교까지 세워진다. 삶과 죽음 사이의 인연이 뒤엉키는 길, 작가는 인적 드문 이 길에서 현생의 사랑과 슬픔, 원한 등을 뒤로하고 묵묵히 어딘가로 향하게 되는 우리의 삶을 건져냈다.

춘천의 외곽 통행이 많지 않은 느랏재를 오르다 보면 문득 이곳에 망자들의 영혼이 떠다니는 게 아닐까 하는 착각으로 잠시 멈추어 서게 된다.

춘천 강변길

강릉은 상처를 아물게 한다

탁월한 이야기꾼이었던 박완서는 〈참을 수 없는 비밀〉에서 자신이 남을 해코지하는 힘이 있을지도 모른다는 강박을 가진 주인공 하영을 강릉으로 여행시킨다. 일상의 두려움, 아무것도 일어나지 않는 것에 대한 공포를 가진 주인공은 강릉의 바닷가, 허균 허난설헌 생가가 있는 초당마을에 간다. 예전에 왔던 기억을 따라서. 그녀는 그곳에서 사랑채 마루에 쌓인 세월을 안고 잠이 든다. 긴 휴식 이후, 눈부시게 푸른 하늘, 흐드러지게 핀 선홍색 백일홍, 그리고 아무런 편견이 없는 세상을 바라본다. 작가는 초당의 아주 작은 풍경을 예민하게 바라보고 그곳에서 주인공을 잠시 편안함으로 이끌고 있다.

강릉이 고향인 이순원은 아들과 함께 대관령 옛길을 걸었던 경험을 담아 《아들과 함께 걷는 길》을 썼다. 초등학교 교과서에도 실린 이 소설은 작가가 아들과 함께 대관령 옛길을 걸은 경험을 바탕으로 하고 있는데, 주인공인 소설가와 그 아들, 그리고 주인공의 아버지 등 3대를 잇는 부자 관계가 섬세하게 담겨있다. 집안의 상처와 갈등을 마음에 담고 길을 떠난 주인공이 아들과 함께 걷는 여정에서 나누는 대화가 따뜻하다. 집안에 대한 솔직한 이야기와 자연스러운 교육, 그 안에서 관계가 강화되는 모습을 보여준다. 대관령 옛길은 걸으면서 상처를 아물리고, 내 안의 갈등을 풀어가는 매개가 된다.

또 강릉이 고향인 작가 김형경은 《세상의 둥근 지붕》에서 주인공 승주가 별거를 고심할 때 생각을 정리하는 곳으로 주인공의 고향 강릉으로 가게 한다. 그리고 강릉 – 동해 – 태백 – 고한 – 영월을 지나 서울로 가는 열차를 타고 돌아 돌아서 서울로 간다. 강원도를 한 바퀴 돌아가는 길, 그 열차에서 자신의 어머니를 떠올리게 하는 여성을 만나고 서로가 짐을 나누어 갖는 둥근 지붕 아래 살아가기로 한다. 하나로 이어지는 끈을 발견하는 여행이다.

토지문화관을 남겨 작가들을 보듬는 박경리의 원주

소설가 박경리는 1980년에 원주로 이주하여 생의 마지막까지 기거하면서 역작인 대하 장편 《토지》를 탄생시켰다. 원주는 그의 작품 배경으로는 이렇다 할 장소가 없지만, 산문 〈원주통신〉에서는 원주 집에서 텃밭 농사를 지으며 생명과 환경에 대한 애정을 담고 살아가는 일상을 세세하게 이야기하였다.

작가는 원주 단구동에 살았는데, 그 집이 1989년 택지개발 지구로 편입되면서 헐릴 위기에 놓였다. 하지만 작가의 산실이 없어지는 것에 많은 반대 여론이 일면서 그곳을 공원 부지로 남겨놓아 집과 정원이 보존되면서 '박경리 문학공원'으로 조성되었다. 이곳에 작가가 대하소설을 집필하던 공간을 보존하고 있으며 별도로 '문학의 집'을 조성해 작가를 기념하고 있다.

박경리 선생은 그 집을 떠나 원주 시내에서 조금 떨어진 흥업면 매지리로 옮겼다. 작가는 1996년 토지문화재단을 설립하고 '토지문화관'을 건립하였다. "사고하는 것은 능동성의 근원이며 창조의 원천"이라는 신념으로 삶의 미래를 모색하고 후진을 양성하기 위한 것이었다. 이 취지에 따라 생명, 환경, 문화와 관련된 포럼을 열기도 했고, 무엇보다 작가들의 창작 지원에 관심을 기울였다. 작가들이 자연 속에서 자유롭게 거주하며 글을 쓰도록 창작실을 만들어 제공하는 사업을 현재까지

하고 있다. 이렇게 긴 인연으로 남아있는 작가 박경리, 그래서 '원주의 작가' 하면 '박경리'를 가장 먼저 생각하게 된다.

원주 하면 가장 먼저 떠오르는 산, 치악산도 여러 형식으로 문학에 담긴다. 양귀자의 소설 《천년의 사랑》에는 험난한 세상을 살아가는 인희가 상처받은 몸과 마음을 풀어놓는 원주 치악산이 있다. 꿩이 보은을 했다는 전설을 담고 있는 치악산 노루봉 어디쯤에 삶이 고단했던 주인공의 무덤 하나가 따스한 햇살 아래 놓여있지 않을까 하는 상상을 일으킨다.

그런가 하면 고향 평창을 베이스캠프로 하여 노마드의 삶을 살고 있는 소설가 김도연은 눈의 고장 평창에 사는 소설가답게 눈 이야기를 몽환적으로 풀어낸다. 제목 '검은 눈', 눈雪이 검다고 표현한 작품이다. 그 안에는 꿈과 현실의 뒤섞임이 있는 가운데 산골인 그의 고향 집을 배경으로 눈의 의미를 다각적으로 생각해보게 한다. 마치 화두를 받은 듯이.

그 의미를 명확하게 알 수는 없다. 소설에서 홀로 집을 지키게 된 주인공은 폭설 속에서 가축을 돌본다. 그러다 소와 오리가 말을 하는 것을 듣게 되고, 소의 위로를 듣는다. 자신이 가축을 돌보는지, 그들이 자신을 돌보는지 알 수 없는 환상에 휩싸인다. 눈 쌓인 시골 마을에서 일어나는 이야기, 그 안에서 자신을 찾으려는 작가의 고뇌를 담았다.

작가들은 고향이거나 어딘가에 살았던 경험, 아니면 잠시의 여행에서 건져 올린 심상으로 특정 장소나 공간의 이미지

박경리문학관

를 만들어낸다. 그것은 새로운 것이라기보다는 기존의 것을 강화한다. 자연이나 마을이 주는 감성을 더욱 증폭시키며 때로는 환상으로, 때로는 깊은 사유로 나아가게 한다.

　여행을 통해 일상에서 헝클어져 있던 것을 풀어내고 다시 그 일상의 삶으로 나아갈 용기를 갖게 하는 곳, 아주 작은 장소에서 찾아내는 특별한 느낌, 또는 만남으로 인해 얽힌 것을 풀어주는 곳, 강원도 땅에는 이렇게 작가의 마음에 다가가는 곳들이 도처에 자리한다. 은유의 땅, 회복의 땅, 작가들이 읽는 강원도는 속이 깊다.

막 만들어서 막국수,
막 먹어서 막국수

강원도 메밀국수

메밀은 늦여름에 꽃이 활짝 피어 장관을 이루는 식물이다. 거친 산간지대에 아무렇게나 씨를 뿌려놓아도 잘 자란다. 농사를 짓는데 손이 많이 가지 않는 작물이다. 이 메밀을 이용해 국수를 만들어 먹는다. 그게 바로 막국수. 강원도 산간지대 어디랄 것도 없이 잘 자라다 보니 강원도 사람들은 주로 메밀을 주원료로 하여 국수를 만들었다. 남녘에서는 밀 농사가 주종을 이루는 데 비해 북쪽 강원도에서는 밀 농사가 어려우니 메밀을 심었고 이것을 국수에 사용한 것이다.

메밀부침, 메밀만두, 메밀묵, 그리고 냉면에도 메밀을 사용하는 등 메밀은 오래전부터 밀과 함께 쌀의 보조 식품으로 우리 식탁에 올랐다. 하지만 6·25전쟁 이후 수입 밀가루가 대량으로 공급되면서 우리 식생활에서 밀가루를 이용한 음식이 주식인 밥을 뛰어넘을 만큼 식탁을 지배했고, 자연히 메밀의 사용도 줄어들었다. 그러니 재배도 잘하지 않게 된 요즘은 국내산보다는 외국산 메밀이 더 많아서 대부분의 막국숫집은 외국산 메밀을 사용한다.

강원도에서는 오래전부터 국수 하면 메밀국수였고, 부침, 전병, 묵 등을 해 먹는 식재료였기에 그 생활문화 유산이 오늘날까지 이어지며 강원도 하면 떠오르는 음식들이 되었다. 평창, 정선, 홍천, 횡성 그리고 춘천 등 메밀 음식을 팔지 않는 곳이 없으니 말이다.

메밀을 이용한 음식 가운데 사람들에게 가장 인지도가 높은 것이 막국수일 것이다. 막국수는 주로 차갑게 먹는데 양념을 넣어 비벼 먹거나 동치미 같은 찬 국물에 말아 먹는다. 북한식 냉면과는 다르게 전분을 많이 넣지 않아 쫄깃함이 덜하다.

국수를 만들어 바로 삶아 건져내 갖은 양념을 넣어 먹는 비빔국수는 양념의 조합에 따라 맛이 다양해지고 물막국수는 그 집의 동치미가 맛을 좌우한다. 일반 음식점에서 파는 막국수는 비빔국수가 훨씬 더 많다. 특히 영서 지역은 대부분 비빔막국수이고, 가끔 음식점마다 동치미를 따로 주어 국물에 말아 먹을 수도 있지만 기존 양념이 비빔용이다 보니 여기에 국물을 넣어 먹는 것은 이 맛도 저 맛도 아니어서 썩 권하고 싶지 않다. 하지만 담백한 물 막국수는 맛이 더 은근하고 메밀의 본래 맛을 느끼게 하는 장점이 있다.

묘하게 명절 다음 날이면 막국숫집이 성업을 이룬다. 오랜만에 고향에 온 사람들, 차례상 차림 등 기름진 음식을 먹은 식구들이 부모님을 모시고 막국숫집에서 국수 한 그릇을 먹으면서 명절의 뒷정리를 한다. 다시 고향을 떠나 생활 근거지로 향하기 전, 춘천 외곽의 오랜 막국숫집을 찾아가 국수를 같이 먹고 나서야 가벼이 제 길로 떠난다. 가족이 어울려 진수성찬을 나눈 후 조금 가벼운 듯, 고향의 맛을 즐기고 나서야 비로소 명절 의식을 다 마치는 것이다. 춘천을 고향으로 둔 사람들에게는 고향을 연상하는 요소 가운데 막국수가 들어가 있나 보다.

시골 음식이던 막국수는 이제 전문 음식점이 크게 늘어 음식점에서 만나는 메뉴가 되었다. 음식점마다 양념 비법이 조금씩 다른데, 조금 매콤하게 하는 집, 고춧가루를 적게 넣고 간장 양념 위주로 하는 곳 등의 차이와 함께 국수의 메밀과 밀가루 혼합 비율에 따라서도 맛의 차이를 낸다. 국수에는 양념과 함께 나오는 계란 또는 편육 한 점, 무채, 김 가루 등의 색조화가 이루어져 상에 오른다. 막국수에 무채는 어디나 빠지지 않는데 다 이유가 있다. 그것은 메밀을 많이 먹으면 속을 깎아내린다는 속설 때문이다. 메밀의 독성인 살리실아민 성분을 중화시키기 위해 무와 함께 먹는다고 한다.

강원도 사람들도 막국수의 뜻이 무엇인지를 두고 종종 논쟁을 한다. 국수를 만들어 간장, 고춧가루, 파, 마늘 등을 넣은 간장 양념에 - 막국수는 원래 간장 양념으로 먹었다 - 쓱쓱 비벼 먹거나 김장으로 해두었던 동치미 무와 국물에 말아서 막

(쉽게) 먹는 국수라는 설이 있다. 그리고 또 한편의 이야기는 금방 만들어서 막국수라는 것이다.

예전에는 막국수가 겨울철 시골의 밤참으로 자주 사용되었는데 긴긴밤 사랑방에 둘러앉아 이야기를 나누고 화투도 치며 놀다가 출출해지면 밤참을 준비한다. 그러면 빻아두었던 메밀가루를 반죽해서 국수틀에 누른다. 그 아래는 펄펄 끓는 물이 있어서 그곳으로 국수 가락이 빠져나오면서 바로 익는다. 이렇게 바로 익혀서 금방 먹는 국수, 막(금방) 만들어낸 국수, 막국수라는 설명이다.

막국수를 만드는 자세히 과정을 보면 후자가 더 맞는 듯하고 막국수의 품격을 위해서도 후자라는 견해가 더 우세한 편이다. 금방 만들고 특별한 조리법 없이도 쉽게 먹을 수 있는 국수라는 것이다. 예전에는 집집마다 국수틀이 있어서 쉽게 해 먹었는데 누군가가 대중에게 팔기 시작하면서 강원도 곳곳에 음식점이 늘어났고, 특히 춘천에서는 닭갈비와 함께 지역을 대표하는 음식으로 자리매김하면서 축제까지 만들었다.

막국수 먹는 법도 가지가지

그런데 비빔 막국수를 먹을 때 중요한 것은 '비비는 맛'이다. 국수에 얹혀 나오는 기본 양념과 함께 식초와 겨자, 설탕이 늘

막국수 만들기 체험

곁들인 양념으로 나오는데 이게 사람마다 선호가 다르다. 신 맛을 별로 좋아하지 않는 데다 단맛을 조심하는 나는 설탕과 식초를 빼고 겨자만 넣어 비빈다. 내 지인은 막국수든 뭐든 음 식점이 추구하는 기본 맛을 존중해야 한다고 하면서 일체의 양념을 넣지 않는다. 식당 주인의 손맛이 그 집 음식 최고의 맛이라는 주장이다.

　그런가 하면 입맛이 조금 까다로운 내 엄마는 반드시 설탕, 식초, 겨자 등 제공되는 모든 양념을 넣어 자신만의 입맛으로 만들어 드신다. 여기서 어떻게 잘 비비느냐가 관건이다. 양념 이 국수에 고루 배도록 젓가락으로 잘 섞어주어야 하는데, 소 설가 전상국 씨는 자기 나이만큼 비벼야 한다는 게 지론이어서 그 말이 생각날 때면 국수를 놓고 한참을 뒤적거린다. 나이는 들어가고 그 숫자만큼 비비려면 끝이 안 나겠지만 천천히 국수 다발을 풀어가며 비비고 마음을 다듬어 조심스럽게 한 가닥 입에 넣어 음미하면 약하지만 구수한 국수 가락의 맛, 그리고 거기에 배어든 양념들의 조화…. 막국수는 그렇게 숨은 맛을 찾아내며 먹어야 한다, 음미하며. 어떤 이들은 국수를 가위로 잘라 먹는데 점성이 그리 크지 않은 막국수를 이렇게 잘라서 빠르게 먹는 것은 국수의 제맛을 느끼지 못하는 일이다.

먹을 때 국수를 젓가락에 돌돌 말거나 아니면 몇 가락 집어서 쭉 끌어당겨 먹든지 국수는 쉽게 끊어진다. 이 국수 가락의 성질을 안다면 가위로 자르지 말고 국수 가락이 '후루룩' 입으로 올라가면서 누릴 수 있는 시각과 청각의 묘미를 포기하지 말기 바란다.

막국수는 빠르게, 소리 내며 먹어도 좋다.

심심한 메밀전이 부르는 강원도 향기

소화가 금방 되는 막국수만 먹으면 헛헛한 기분이 들기도 하는데 이때 덧음식이 부침이나 전병이다. 나는 무를 채 썰어 고춧가루 양념을 한 전병을 좋아하는데, 메밀 반죽에 배추를 깔고 종이처럼 얇게 부친 메밀부침도 막국숫집에 으레 등장하

메밀전

는 메뉴다.

예전에는 메밀부침의 맛을 잘 몰랐는데 나이가 들수록 배추절임과 조화를 이루며 '슴슴한' 맛을 내는 메밀부침이 자꾸 좋아진다. 메밀부침은 얼마나 얇게 부치느냐가 관건이다. 반죽을 묽게 하고 기름을 많이 두르지 않은 번철에 절인 배추를 살짝 얹어서 은근하게 부쳐내는 모습은 예술이다.

강하지 않으면서 메밀의 구수함을 깊게 느끼게 하는 맛, 고향의 맛이라 해도 좋을 메밀부침, 예전 서울에 사는 이모가 딸의 혼인 잔치를 하면서 춘천에서 메밀부침을 주문해 가는 것을 보았다. 강원도 사람인 이모는 아마 예전 관습대로 잔치에는 메밀부침이 있어야 음식의 구색을 갖추었다고 생각했을 것이다. 이모가 고향을 기억하는 방식이었다.

강원도에서는 이렇게 메밀국수와 메밀가루로 만드는 부침개가 한때 일상의 음식이었고, 지금은 강원도를 기억하게 하는 음식이다. 크고 작은 잔치에 메밀부침을 올리고, 오랜만에 고향에 온 지인들과 메밀국수를 먹는 일, 그것은 공동의 경험을 나누며 *끈끈한* 공동체 의식을 확인하는 시간이 아닐까 싶다.

가난한 사람들의 음식이 건강식으로 변신

요즘은 루테인이 많아 눈에 좋다느니, 당뇨나 혈압에도 좋다느니 메밀로 만든 막국수가 건강식품으로 홍보되어 찾는 사람이 많다. 어려운 시절 산골 사람들의 거친 음식이 오늘의 건강식품인 것이 미묘한 감정을 불러올 때도 있지만 강원도를 인식한다는 면에서 긍정적으로 바라보고 싶다.

메밀 음식이 저열량 식품인 데다 식이섬유, 무기질이 많다는 것인데 건강을 목적으로 또는 별미로 먹는 메밀 음식은 쌀을 구하기 어려웠던 시절의 강원도 산골의 삶을 품고 있다. 풍요로운 이 시대에 건강하게 살려면 음식 선택에 신경을 써야 한다. 그런데 건강식품으로 인기 있는 것들은 구황식물이었던 산나물, 산비탈에서 자란 잡곡 등이다. 지독한 가난이 상존했던 시절의 거친 음식들이 우리 시대의 인기 식품이라는 아이러니를 어찌해야 하는지….

곡기는 별로 없이 나물을 잔뜩 넣어 양을 불린 나물밥, 나물죽이라도 배불리 먹고 싶었던 갈증, 곰곰 생각해보면 지금 우리가 건강식으로 먹는 강원도 음식에는 그런 갈증이 담겨 있는 듯하다. 산과 들에서 구한 식재료로 온갖 방식을 동원해 밥상을 만들어 식구들의 배고픔을 채워주려고 했던 아버지, 어머니들의 고단함을 한 번쯤 생각해주고 또 특별한 재주 없이 자연에 의지하며 오롯이 자신의 노동력으로 살았던 사람들의 솔직함과 무구함을 강원도의 산채나 메밀 음식들을 먹을 때, 함께 느낄 수 있으면 좋겠다.

음식은 그것을 먹는 사람을 만들어내고, 사람들은 자신과 가까운 자연환경에서 얻은 식재료를 통해 그 기운을 얻는다. 강원도 사람들의 소박한 음식은 자연의 힘과 끈기를 담아 강원도 사람들을 키워냈다. 그 음식의 기운, 강원도의 기운이 사람들을 치유하고 북돋우면 좋겠다.

감자떡
해 먹고 가

감자를 보면 생각나는 것

유년 시절, 여름방학이면 화천의 큰이모 집에 자주 놀러 갔다. 장사를 하시는 부모님은 늘 바빴고 나는 어디론가 놀러 가는 것에 목말라 있었다. 방학은 무언가 사건이 있고, 새로운 경험을 하는 시간이 아닌가?

나에게는 시골 이모 집에 가는 게 유일한 방학 나들이였다. 실향민인 아버지는 일가친척이 전혀 없었다. 그래서 더 친척 집에 간다는 것에 허기가 졌었는지도 모르겠다. 중학교에 다닐 즈음에는 춘천에 살던 이모가 서울로 이사를 갔기 때문에 신이 나서 서울 나들이를 했다. 눈치를 주거나 말거나 이모 집에 며칠씩 묵으며 서울의 화려함을 구경했다. 백화점이나 명동거리를 가는 게 즐거웠다. 그리고 돌아오면 친구들에게 내가 본 것들을 자랑할 수 있어서 좋았다.

초등학생인 내가 이모 집이 있는 화천군 사내면 사창리를 가는 일은 쉽지 않았다. 외할머니가 종종 동행하곤 했는데 버스 길은 녹록하지 않아 늘 멀미가 났다. 덜컹거리는 버스는 기진맥진해서야 닿을 수 있었다. 이모 집은 나중에 알고 보니 명승지였다. 조선 중기 곡운 김수증이 은거하였던 곡운구곡이 있는 곳이었다. 제6곡 - 와룡담이 있는 마을이다. 하지만 그런 사실을 알 리가 없는 나에게는 그저 경치 좋은 놀이터일 뿐.

마을 앞은 넓고 흰 바위가 많았고, 사이로 맑은 물이 흐르고 작은 소沼가 여럿이었다. 물놀이와 소꿉놀이를 하기 적합한 그 바위에서 하루 종일 사촌들과 놀았다. 계곡물로 뛰어들어 장난치다가, 배가 고프면 옥수수, 감자를 먹는 일상은 시장 근처에 사는 내게 더없이 즐거운 일탈이었다.

감자가 썩을 때까지

하지만 하루 이틀 지나고 나면 슬슬 심심해진다. 해는 일찍 지고 밤은 긴데 전깃불도 안 들어오는 집은 무료하기 짝이 없다. 캄캄한 밤은 한 발도 내딛기 어려울 만큼 짙어서 무섭고 개울물 소리만 점점 크게 들리곤 했다.

슬그머니 집에 가고 싶은 생각이 솟아난다. 그럴 때 시무룩한 내 얼굴을 보며 이모부는 "감자떡 해 먹고 가." 한다. 그러면 나는 왈칵 눈물을 쏟았다. 떡을 해준다는데 웬 눈물이 나는 걸까. 쫄깃한 떡의 식감과 그 안의 달콤한 팥소를 생각하면 침이 사르르 돌지만 문제는 떡을 만드는 시간이었다. 감자떡은 냇가나 우물가에 있는 큰 항아리에 담겨있는 감자가 썩어야 해 먹을 수 있었다. 감자를 물에 담가 푹 썩히면 그 밑에 남게 되는 전분으로 만든다.

이모 집 옆 냇가에 감자가 담긴 항아리에서 냄새가 나는 것을 보았지만 언제 그게 다 썩어서 떡을 만들 수 있는지는 알 수 없었다. 시간이 한참 걸릴 거라는 짐작만 갈 뿐이었다. 여러 날을 더 있어야만 가능한 일이니, 집에 가고 싶은 나에게는 한없이 슬픈 시간인 것이다.

하지만 결국 나는 이모 집에서 감자를 썩혀서 떡을 해 먹는 경험은 하지 못했다. 하지만 지금도 갓 쪄낸 감자 송편의 맛은 늘 내 마음을 흔든다. 솥에서 김이 모락모락 나고 떡이 익어 나오면 뜨거울 때 혀를 살살 굴려가며 먹는 감자떡은 무척이나 매혹적이다. 강렬한 맛은 없지만 씹으면 씹을수록 은근한 맛이 전해오는 쫄깃하고도 담백한 감자떡, 그 안의 팥소나 밤, 콩 등이 어우러지는 것이 쌀로 만든 송편과는 다른 매력을 준다. 감자떡은 식으면 맛이 없다. 뜨거울 때 먹어야 쫄깃한 식감을 제대로 느낄 수 있다.

요즘도 매년 추석이면 냉동 포장된 감자떡과 감자만두를 선물하는 지인이 있어 홍천에서 만든 감자떡과 만두를 맛보곤 하는데 좋아하면서 아끼며 먹는다.

강원도에는 감자가 많이 난다. 감자와 옥수수는 어디에 심

감자떡

어도 잘 자란다. 보통 봄에 심어 여름에 열매가 열리므로 여름
이 가까워져 오면 감자가 시중에 나오곤 한다. 1년 중 낮이 가
장 길다는 하지(6월 21~22일) 무렵에 감자가 나오기 시작하는
데 이즈음에 나오는 감자를 하지감자라고 한다. 쌀이 나오기
전 가장 먼저 식량이 되는 식품이다.

요즘은 가을에 심는 감자도 있고 겨울철 하우스 재배도 있
다고 하는데 감자는 주로 여름철 식재료였다.

산에 불을 질러 농사를 짓는 화전으로도 잘 자라는 감자는
주식으로 애용되었다. 어릴 적 외할머니가 한동안 우리 집에
사셨는데 할머니는 감자범벅을 잘하셨다. 감자를 찌다가 한

김 올라오면 여기에 밀가루 반죽을 질게 하여 마치 수제비를 떼어놓듯 뜯어 넣는다. 또 강낭콩도 얹는다. 그리고 다시 찌면 맛있는 감자범벅이 된다. 소금으로만 살짝 간을 한 이 범벅은 우리 자매들이 할머니를 그리워할 때마다 이야기하는 음식이다. 강원도에서는 감자범벅이라는 말보다는 '감자붕생이'라고 한다. 이 '붕생이'를 할 때 원래는 밀가루가 아니라 감자녹말을 쓴다.

감자전과 막걸리 한 사발의 행복

감자는 참 여러 가지 요리로 이용된다. 삶고, 볶고, 튀기고, 조리고… 어느 조리 방법도 가능한 재료이다. 남미 안데스산맥에서 왔다는 이 감자는 강원도 산간지대에서 쑥쑥 자라나 가난한 이들의 배고픔을 덜어주는 고마운 농산물이었다.

감자는 강판에 갈아서 부침개를 해 먹는 것도 별미다. 어릴 적 여름날, 감자 껍질을 벗겨내고 너도나도 달라붙어 한 알씩 감자를 강판에 갈고, 그것을 다시 물을 짜내어 부치는 감자전 만들기는 즐거운 놀이가 되기도 했다.

갈아놓은 재료에 부추나 파, 또는 청양고추를 썰어 넣고 부치는 감자전은 고소함과 쫄깃함이 다른 어느 부침개와도 견줄 수 없다. '겉바속촉'의 솜씨를 발휘하면 몇 개를 먹었는지 정신을 차리지 못한다. 감자에 이런저런 부재료를 넣기도 하지만 나는 아무것도 넣지 않고 소금만 살짝 넣어 오로지 감자 맛으로 승부하는 감자전을 더 좋아한다.

요즘은 등산하는 이들을 주 고객으로 하는 산언저리 음식점들이 가게 앞에서 기름 냄새를 솔솔 풍기며 감자전을 부쳐 내는 풍경을 자주 본다. 등산을 하고 내려와 피곤과 갈증을 품은 하산객의 목을 축이는 막걸리와 어우러지는 감자전은 은근하면서도 사람을 잡아당기는 강원도 맛이다.

어릴 적에는 먹은 기억이 없지만 요즘 춘천의 음식점에서 많이 파는 감자 요리 중 하나가 '감자옹심이'다. 정선이나 영월 지역 향토 요리로도 자주 소개되고 강릉에도 유명한 음식점이 많다. 감자를 갈아서 물을 꼭 짜내어 새알심을 빚어 끓인다. 옹심이는 새알심의 사투리라고 한다. 멸치 국물을 이용해 수제비를 끓이듯 하는데 옹심이와 함께 칼국수를 넣어 만들기도 한다.

끓이면서 감자와 호박도 썰어 넣는 데 감자의 걸쭉함이 국물에 녹아나면서 밀가루 수제비나 칼국수의 맛과는 다른 진득한 맛을 낸다. 감자옹심이의 쫄깃함, 국물의 끈끈하고 진한 맛에 고소함이 더해지며 입 안 가득 풍요로움을 선사한다.

감자 하나로 요리를 하라고 하면 춘천 토박이인 내 엄마도 남에게 뒤지지 않을 거다. 들기름과 간장으로 볶아낸 감자볶음, 된장이나 막장 국물에 감자와 호박을 넣은 감자호박찌개,

감자를 잘게 채를 쳐서 기름에 살짝 볶다가 물을 넣어 끓인 감
잣국, 그리고 감자를 갈아 만든 감자전과 감자를 얇게 썰어 밀
가루를 묻혀 구워내는 감자전···. 엄마로부터 얻어먹은 감자
음식이 참으로 많다. 감자전 다음으로 내가 좋아하는 것이 감
자볶음인데, 어깨너머로 배운 엄마의 요리를 흉내 내보지만
이게 영 엄마 맛을 내지는 못한다. 스스로 만족되지 않으니 감
자볶음을 잘 하지 않게 된다. 좋아하지만 만들지 못하는 음식
은 누군가의 손길을 기다린다.

감자볶음은 엄마보다 작은이모의 조리 방법이 더 나의 입
맛을 사로잡곤 했다. 시골에서 가난하게 사는 이모는 내가 놀
러 가면 반찬이 없다고 늘 미안해하면서 감자볶음을 잘해주
었다. 프라이팬도 아니고 냄비에 들기름을 넣고 감자를 넣어
볶으면서 고춧가루, 소금 등을 넣어 간을 하는데, 엄마가 하는
간장 양념에 약간 덜 익은 듯 살캉거리는 감자볶음과는 또 다
른 맛이다. 이모의 요리는 잘 익은 감자볶음인데 그렇다고 너
무 퍼지지도 않은 알맞은 수분을 담은 매콤달콤한 맛, 거기에
고운 고춧가루가 잘 배어든 붉은 색감이 눈에 확 들어오며 입
맛을 당기곤 했다.

이모의 감자볶음이 왜 그렇게 맛있었을까? 이모는 요리를
하면서 갓 짰다는 들기름을 자랑하곤 했다. 직접 생산한 감자,
그리고 들기름···. 이모네 밭에서 나온 농산물은 신선도가 좋
았을 것이고 시골의 많지 않은 반찬 중에서 내 입맛을 당겼을

것이다. 더구나 이모네 집은 온전히 분리된 부엌이 아니어서 요리하는 과정을 같이 볼 수 있었다. 그걸 보면서 배고픈 나는 입맛을 다시지 않았을까?

변변한 요리 도구도 없는 시골 살림에 손잡이도 없는 냄비에서 만들어지던 이모의 감자볶음은 강원도 산골의 가난한 밥상이 내게 선물한 건강이며 행복이었다.

올챙이묵에는
올챙이가 없다

옥수수로 만든 묵 또는 국수

춘천에는 육림고개가 있다. 고개 입구에 육림극장이 오래 자리하고 있었기 때문에 붙여진 이름으로 운교동 방면 큰 도로에서 중앙시장으로 넘어가는 완만한 경사의 고개이다. 길 양쪽으로 상점들이 있는데 재래시장이 활황이었을 때는 이 고개 가운데가 온통 노점이 진을 치던 곳이다. 지금은 청년 상점들이 하나둘 자리하기 시작하면서 시장의 명맥을 잇고 있다.

이 고갯마루에 올챙이국수집이 하나 있다. 재래시장 끄트머리에 있는 허름한 가게는 탁자도 몇 안 되는데 늘 손님들이 제법 있다. '올챙이국수' 또는 '올챙이묵'이라고 하는 음식을 판다. 지인들을 따라 가끔 이 집에 가곤 하는데 국숫집이라고는 하나 참 단순하다. 물에 담가놓은 국수를 그릇에 푹 담아주고는 파, 마늘, 고춧가루로 양념을 한 국간장과 열무김치 한 사발 내어놓은 것이 전부인 음식점이다. 가겟방에서 먹기도 하지만 국수를 사 가는 사람들도 많다. 경상남도 출신인 남편은 어떤 연유인지 이 올챙이국수를 좋아하여 가끔 가자고 하는데 막상 강원도 사람인 나는 이 국수의 맛을 잘 모르겠다. 국수라고는 하지만 묽은 묵에 가까워 올챙이묵으로도 부르는 걸 보아도 애매한 맛을 알 수 있다. 국수인 듯, 묵인 듯 이 뜬금없는 이름의 올챙이국수의 재료는 옥수수다. 말린 옥수수를 뜨거운 물에 불렸다가 갈아서 만든다. 갈아진 옥수수를 가라앉혀 윗물은 버리고 내려앉은 앙금만 받아서 죽을 쑨다.

그다음 수분이 빠지면서 찰기가 나도록 잘 저어서 끈끈한 액체를 만들어야 한다. 이것을 구멍 난 바가지에 담아서 내리는데 아래에 찬물을 담은 그릇을 받쳐 놓고 이곳으로 떨어지게 한다. 그러면 옥수수죽은 바가지의 구멍을 타고 주르륵 이어지다가 끊어진다. 국수라고 하기에는 길이가 짧고 틀에 넣어 굳힌 것이 아니어서 일반적인 묵 모양도 아니다. 묵으로 만들기에는 점성이 약해서 그런 듯하다. 맛은 묵 맛이다. 옥수수 전분을 더 걸쭉하게 끓여서 강냉이묵을 만들기도 한다는데 묵보다는 국수라는 이름을 건 올챙이국수는 주식이나 간식으로 먹을 수 있는 초간단 음식이다.

처음 이 묵을 먹었을 때는 인상을 찡그렸다. 도대체 무슨 맛인지 알 수 없는 심심함이었다. 배가 고플 때 할 수 없이 먹는 음식이 아닐까 하는 생각이 들었다. 배고픔을 모르고 산 내게는 별 감흥이 없는 음식이었다. 하지만 노란색의 묵이 그릇에 담기면 제법 식욕을 돋운다. 점성도 약하고 재료의 맛이 약하게 전해져서 나는 여전히 이 음식을 즐기지는 않는다. 하지만 내 주변 강원도 토박이들은 가끔 무리를 지어 이 집으로 올챙이묵을 먹으러 가자고 한다. 어릴 때 먹어본 익숙한 맛, 음식 자체의 맛보다는 고향의 맛이나 추억의 맛이다. 이 묵을 좋아하는 어르신께 맛이 있느냐고 물었더니, "맛보다는 추억으로 먹는다"고 하셨다. 사업을 크게 일구셔서 경제적 여유가 있는데도 식성은 늘 소박하고 올챙이묵을 좋아하는 그분의 추억이 궁금했지만 더는 묻지 않았다. 아무리 먹어도 배고프고 거친 열무김치 하나가 반찬의 전부인 음식을 진저리 내지 않고 그리워하는 마음만 조용히 마음에 담았다.

올챙이묵은 춘천, 홍천, 인제 등 옥수수가 나는 지역이면 어디든 전통시장에서 요즘도 판다. 그런 걸 보면 이 음식을 통해 향수를 찾으려는 사람이 제법 많은가 보다.

올챙이묵, 국수

동생과 눈 맞추며 먹는 도토리묵

어릴 적 겨울밤이면 "찹쌀떡, 메밀묵 사려~" 소리를 들으며 자랐지만 그걸 사 먹어본 적은 없었다. 그저 아늑한 겨울의 소리였다.

묵은 강원도뿐만 아니라 전국 어디서나 지역에서 생산되는 것들로 만들어 먹는 대체식이거나 보조식이었다. 바닷가에서는 우뭇가사리나 박대 등으로 묵을 만들기도 하지만 강원도 산골에서는 도토리나 메밀, 그리고 옥수수 등으로 만들어 주 에너지원인 탄수화물을 공급해주는 음식으로 밥상에 자주 올랐다.

나는 올챙이묵보다는 도토리묵과 메밀묵을 좋아한다. 도토리묵은 오이나 쑥갓 등 채소를 넣고 무쳐도 맛이 있고 묵만 썰어서 양념간장을 뿌리거나 양념간장을 따로 내어서 찍어 먹기도 한다. 메밀묵이나 도토리묵을 길쭉하게 썰고 멸치 국물을 내어 붓고 여기에 신 김치를 송송 썰어 얹어내는 묵사발도 밥 대신 먹는 별미다. 메밀 묵사발은 좀 오랜 막국수 집에서 메뉴로 내놓기도 하는데 밥을 말아 먹기도 한다.

옥수수, 메밀, 고구마, 녹두, 도토리, 청포 등 전분을 낼 수 있는 식품은 모두 묵을 만들 수 있다. 대부분의 묵은 강렬한 맛을 갖고 있지 않다. 그래서 묵을 많이 먹은 기억이 없다. 반찬으로 자주 올라오지 않은 것 같다. 달콤하거나 매콤한 맛, 부침이나 튀김의 고소함 등에 일찍부터 맛을 들인 내게 묵은 어른들의 음식이었다. 하지만 세월은 입맛을 바꾼다.

장을 보러 가서 시골의 묵이라고 하면 냉큼 들고 오게 되는 나이가 되었다. 묵 자체의 은은한 맛을 음미하며 '이거 정말 진짜 맛이네!' 하는 감별을 할 줄 알게 된 것은 신기하다. 묵에 대한 깊은 기억이 없는데도 시나브로 엄마의 손맛에 의해 그 어느 때부터 묵 맛을 뇌세포에 입력시킨 게 분명하다. 급기야 산에 가면 도토리를 줍기 시작했고 - 언젠가 도토리를 주워다 묵을 쑤어본다고 요란을 떨다가 믹서기 하나를 망가뜨리고 나서는 도토리를 줍지 않는다 - 이런저런 방법으로 국산 도토리 가루나 메밀가루를 구해서 묵을 직접 쑤어먹는 나를 보면 스스로 의구심이 생긴다. 언제 내가 이런 입맛을 들였을까?

서울 사는 동생이 친정 엄마를 보러 집에 와서 저녁을 함께 먹게 되었는데 우리는 장을 보며 도토리묵을 샀다. 내 바로 아래 여동생은 도토리묵을 꽤 좋아한다. 오랜 외국 생활, 그리고 고향을 떠나 사는 동생은 도토리묵을 썰면서 "이건 양념 없이 먹는 게 더 좋아" 하면서 한입을 입에 쏙 넣고 오물거린다.

세상에! 자매들의 입맛도 비슷하네…. 몇 번 씹지 않아도 술술 넘어가는 묵을 입안에 가득 넣은 우리는 서로 쳐다보며 웃는다. 우리는 강원도 사람이구나.

강원도
막장의 매력

어머니들의 장독대

문화 프로그램을 기획하고 글을 쓰는 인문 단체에서 일하는 나는 사무실을 조금 색다른 공간으로 꾸며보려는 욕심으로 옛 주택가의 단층 양옥집을 빌렸다. 그 집은 평소 나의 로망인 마당이 있는 집이었다. 방이 세 칸, 마루가 깔린 거실, 주방은 미닫이가 있어 거실과 분리되어 있고 주방 안으로 방이 하나 있었다. 주방에 붙어있는 방이라니, 우리는 이 방이 식모 방일 거라고 짐작했다. 아니면 함께 사는 아들 내외 방이었을까.

집은 1960~70년대의 생활관습을 잘 반영하는 공간이었다. 지하실도 있고, 집 안의 수세식 화장실 외에도 마당에는 별도의 '푸세식' 화장실과 연탄 창고가 있었다. 뒤에는 식품 저장 용도로 썼던 것 같은 창고도 따로 있었는데 체가 몇 개 걸려있었다. 건물의 앞과 옆으로 널찍한 텃밭과 화단이 있는 집은 나의 마음을 사로잡았다. 목단, 명자, 도라지, 부추가 꽃밭을 이루고 있었다. 여기에 나를 더욱 끌어당긴 것은 장독대였다. 담장에 붙어있는 장독대에는 장항아리가 여럿이었다. 그리고 거기에는 장이 남아있었다. 간장, 고추장, 막장, 된장, 소금 항아리…. 할머니의 장독은 여전히 거기에 자리하는 것이 아닌가.

이 집은 할머니가 오랫동안 홀로 사셨는데 돌아가신 지 그리 오래되지 않아 할머니의 흔적이 여러 곳에 남아있었다. 자녀들은 서울에서 살고 있고 집을 팔기는 아쉬워서 엄마의 유품을 창고에 보관하고 우리에게 세를 주었다. 안방의 자개장도 그대로 둘 테니 쓰라고 하였고, 장독 안에 있는 장도 처리하기 어려우니 사용하라는 것이었다.

장은 오래되어 대부분 검은색을 띠었고 간장은 수분이 증발해 소금이 바닥에 잔뜩 가라앉아 있었다. 오랜만에 보는 장독대는 나를 홀렸고, 나는 볕 좋은 날이면 장독을 열고 이리저리 들여다보며 장맛을 보곤 했다. 그리고 간간이 장을 퍼서 지인들에게 주고 나도 그 맛을 즐겼다. 오래된 장맛의 깊이가 마음을 퍽이나 따스하게 했다.

장독대는 엄마들이 음식을 만들기 위해 잘 관리해야 하는 음식 저장소이다. 장류를 저장하는 장소이며 음식의 기본을 지켜주는 곳이다. 그래서 신성시하여 어머니들은 이곳에서 기도를 하지 않았는가.

몇 년 전 춘천시 서면 안보리 마을 할머니들과 문화 교육 프로그램을 하면서 옛날이야기를 나누고 그것을 글로 정리해 책을 낸 적이 있다. 이 마을은 소양강댐이 생기면서 강가에 살던 분들이 강 위쪽 산으로 올라와 부락을 이루고 사는 곳으로 이 마을을 고향으로 하는 분에서부터 인근에서 시집와 살게 된 분의 사연 등 어머니들은 많은 이야기를 들려주었다. 그 가운데 김춘옥 할머니의 이야기는 마음이 짠하다.

"아기를 갖고 입덧을 많이 할 때 식구들과 누에를 치다가 너무너무 힘들어서 몰래 장독 틈에서 잠이 들었어. 한참 자다 일어나보니 해가 넘어가 있는 거야. 식구들한테 미안해서 못 나오다가 늦게야 저녁을 했었어. 그때 생각하면 우스워."

이야기와 함께 누에와 뽕잎이 있는 잠실蠶室, 그리고 장독 틈에 눈을 감고 있는 자신의 모습을 그림으로 그려냈다. 프로그램을 하는 내내 농담과 호탕한 웃음을 지어내던 할머니는 고단했던 삶을 늘 웃으며 풀어내곤 했는데 시집살이와 노동이 꽤 셌던 모양이다.

이 그림을 볼 때마다 가난을 벗어내기 위해 몸을 아끼지 않았던 내 어머니 세대의 노동이 생각나 가슴이 시려온다. 그 고단한 틈에 장독을 의지해 가졌던 달콤한 쉼은 쉽게 상상하기 어렵다. 김춘옥 어머니의 장독대는 고단함의 피난처였다.

엄마의 막장 담그기

장독은 가사노동과 가족의 음식을 책임지는 여성들에게 소중한 공간이다. 이곳을 중심으로 음식의 기본이 되는 장을 만들고 보관하는 일은 연례행사요, 집안의 전통이었다. 집안 대대로 내려오는 맛을 지키기 위해 씨간장이나 씨된장이 이어오기도 했다.

우리 집에도 예전에는 장독대가 있었다. 그 장독대는 왜 그리 넓은지. 커다란 독에 담긴 간장, 그리고 고추장, 된장, 막장⋯. 겨우내 먹었던 김칫독도 봄에는 비워내고 씻어서 한참을 물에 우리며 그곳에 자리했다. 엄마는 늘 그곳에 가서 "간장을 떠 와라, 고추장을 떠 와라." 장 심부름을 시키곤 했는데 우리가 늘 먹는 찌개나 국은 된장보다는 막장을 주로 이용하였다. 메주로 장을 담가 간장을 빼낸 된장은 짜고 막장만큼 맛이 나지 않았다. 막장이 익숙한 맛이었다.

봄철 볕 좋은 날, 장을 담그는 일은 왠지 흥이 났다. 부지런한 손놀림을 하는 엄마는 우리 자매들을 옆에 세우고 이런저런 심부름을 시키는데, "질금 부어라, 메줏가루를 더 넣어라, 됐다 그만!" 하시며 재료들을 이리저리 섞고 맛을 보고 또 넣고를 반복하셨다. 장이 만들어지는 과정이 신기하고 덩달아 이리 뛰고 저리 뛰는 것이 재미있었지만 정작 장은 내게 큰 관심의 대상이 아니었고, 어머니가 메주를 사서 장독대에서 쪼갠 것을 넣어 말리는 시간부터 퀴퀴한 냄새를 맡아야 하는 것이 불편하곤 했다.

지금은 아파트에 사시는 팔순의 노모는 아직도 장을 담그고 싶어 하신다. 겨울에는 김장을 하고 봄에는 장을 담그던 그 일이 고되기만 한 것은 아니었나 보다.

여름철 상추쌈이나 삼겹살을 먹으려면 쌈장이 필요하다. 쌈장은 된장과 고추장을 섞어서 만드는데 강원도에서는 쌈장을 일부러 만들 필요가 없다. 막장을 쓰면 된다. 그런데 요즘에는 이 막장을 구하기가 어렵다. 보통 장하면 간장, 고추장, 된장을 기본으로 하는데 강원도에는 막장이 하나 더 있다. 기록으로 보면 경상도에서도 막장을 담근다고 하는데 경상도에서는 멥쌀을 쓴다고 한다. 하지만 강원도에서는 보리쌀을 쓴다.

집에서 직접 장을 담가 먹던 시절, 엄마는 막장을 만들었고, 우리 집 음식 대부분은 막장을 이용한 것들이 밥상에 올랐다. 국이나 찌개, 그리고 장떡도 고추장보다는 막장을 자주 사용했다. 하지만 혼인으로 집을 떠난 나는 장을 담그지 않고 사 먹기 때문에 어느새 익숙했던 막장 맛을 잃고 있다.

어느 날, 전통 식품 매장에서 산 된장 맛이 늘 사 먹던 것과 달라서 된장이 아니라 막장인가 하는 의문이 생겼다. 어디 가서 물어보겠는가? 내게는 막장을 담그던 엄마가 있지 않은가. 막장의 맛을 찾으러 친정엄마를 찾아갔다. 알 수 없는 장을 들고.

내가 사 온 된장을 보이니, 막장 맛은 아니라며 간장을 빼지 않고 만든 '묵은장' 같다면서도 고개를 갸웃거리신다. 엄마도 그 맛을 잊으신 걸까? 막장을 담가본 지 오래되었다는 엄마에게 장 담그는 법을 물으니 신이 나서 막장 만드는 법을 들려주신다.

"막장은 보리쌀로 하는 거야. 일반 보리보다는 납작보리가 더 좋아. 보리쌀에 질금 물을 가라앉혀서 밥을 해, 그래야 밥이 삭아. 여기가 메줏가루를 넣고 고춧가루를 조금….."

노모의 설명으로는 도무지 막장을 만들 방법이 없다. 그래서 양을 얼마나 해야 하느냐고 재차 물었는데도 대답이 영 시원치가 않다. 도저히 만들 수 없을 것 같다. 오랫동안 자신의 감각으로 양과 간을 맞추었기 때문일 것이다.

"보리쌀 서 되. 그리고 질금을 주물러서 물을 내. 여자들이 그걸 모르냐? …그래서 항아리에 넣어. 한 달 정도 되면 맛이 들어. 그럼 먹을 수 있는데, 오래 둘수록 좋아."

막장, 막국수, 아마 금방 먹을 수 있어서 '막 - '이라는 이름이 붙었나, 짐작하며 이런저런 걸 물으면서 파악한 것은 원래 막장은 제법 긴 과정을 거치는 장이라는 것이다. 엄마는 자신의 외할머니, 나의 증조할머니가 막장 만드는 것을 보며 배웠단다.

"원래는 보리를 맷돌에 드르륵 태겨서 시루에 쪄서 아랫목에다 하룻밤 두면 진이 쭉쭉 나와. 그걸로 막장을 해놓으면 얼마나 맛있는지 몰라. 엄청 맛있어. 그러니(시간이 걸리니) 그걸 누가 해? 그전에는 그렇게 하다가 연탄 때면서부터는 (보리를) 삭힐 수 없어서 밥을 한 거지."

엄마의 장 담그기는 막장에서 넘어가 간장 이야기까지 확

어머니의 장독

장되며 멈출 줄 몰랐다. 간장 담글 때 소금물의 농도는 계란을 띄워보아야 정확하다는 둥 엄마의 눈대중과 경험치로 만들어 낸 장의 기억이 마구 쏟아져 나왔다.

메주를 소금물에 담갔다가 건져내어 숙성시킨 것이 된장이 고, 메주를 건져내고 남은 물을 달인 것이 간장, 그런데 막장은 재료가 조금 다르다. 보리쌀이 들어가고 고춧가루도 들어 간다. 곡식이 들어가서 구수한 맛이 강하고 약간의 고춧가루가 들어가 매운맛이 살짝 나는 것이다. 강원도의 영서 지방에 서 만들어 먹던 막장의 정확한 유래는 알 수 없지만 다양한 용 도로 쓰였고, 또 담가서 금방 먹을 수도 있는 장이었던 것만은 분명하다.

보리(쌀)를 발효시키고 거기에 메주와 고춧가루를 넣는 방식은 어떤 경계에 있는 음식인 듯하다. 여러 가지를 포용하는 중용의 맛이라고나 할까. 된장과 고추장의 맛과 조리법이 나날이 업그레이드되는 반면 막장은 왠지 그 힘을 잃고 있다. 강하고 자극적이지 않으면 살아남기 힘든 세상이기 때문일까?

강원도의 음식 맛은 대부분 이렇게 원재료 맛이고 중간 맛이다. 은근하게 올라오는 구수함을 담은 막장, 엄마로부터 이어받아야 할 강원도의 맛이다.

아낌없이
주는 생선,
명태의 고장

동해의 생선들

어릴 적부터 유난히 생선을 좋아했다. 큰 시장 부근에 산 덕에 엄마는 늘 밥상에 생선 올리는 것을 잊지 않으셨다. 꽁치, 고등어, 갈치, 임연수어 등 시장에서 만나는 생선은 다양했다. 그중에서도 명태는 흔하게 밥상에 올랐다. 싱싱한 생태로, 생태가 없을 때는 냉동을 시킨 동태로 만든 찌개를 먹을 수 있었다. 겨울 밥상엔 으레 이 명태와 무를 넣고 거기에 두부도 넣은 매콤한 생선찌개가 식구들의 추위를 녹이곤 했다. 명태는 생선가게에서 늘 볼 수 있는 만큼 그 시절에는 가격도 저렴했나 보다. 내륙에 살아도 물류가 드나드는 큰 시장에는 생선이 풍성했다.

그렇게 입맛이 들어서인지, 다른 육류는 별로 좋아하지 않는데 생선은 없으면 허전하다. 이렇게 생선을 좋아하는 나를 보며 아버지는 바닷가로 시집을 가야겠다고 웃으시며 말씀하

시곤 했다. 그 생선들이 어느 바다에서 오는지 알 수 없지만 생선의 맛은 나의 몸에 시나브로 스며들었다.

동해에서 잘 잡히는 생선들이 들이 있다. 그중에서도 겨울은 생선의 맛이 가장 좋은 계절이다. 싱싱한 생선을 그대로 먹는 회는 물론이고, 탕, 조림, 구이 할 것 없이 제맛을 한껏 발휘하는 철이다.

한겨울은 가자미, 방어, 양미리, 도루묵 등이 많이 잡히는데 김치와 함께 넣어 끓이면 시원한 맛이 그만인 곰치도 요즘 풍어라고 한다. 그러나 여기서도 겨울 생선으로 절대 빼놓을 수 없는 것이 명태일 것이다. 그런데 명태는 요즘 동해에서 잡히지 않는다. 예전에는 고성에서 많이 잡히는 어류였지만 해수의 변화로 인해 더 높은 위도로 올라가 러시아 원양에서 주로 잡힌다.

먼 곳에서 우리의 식탁으로 찾아오는 명태는 이름이 참 많다. 생물 자체는 생태, 얼리면 동태, 말리는 방법에 따라 북어, 코다리, 황태 등 여러 이름으로 불린다. 잡는 계절에 따라, 잡는 방법에 따라서도 달리 부르기도 한다. 또 2~3년 된 어린 명태는 따로 '노가리'로 불린다. 또 명태의 알인 '명란', 내장인 '곤이'도 따로 판다. 조리법도 다양하게 활용되며 무한한 변신을 하는 생선이다.

한겨울 얼고 녹으며 황태로 변신

명태의 주산지였던 고성은 해마다 명태 축제를 열며 고성이 명태의 본고장이라는 이미지를 강화한다. 거진항에서 매년 10월 '고성통일명태축제'를 해오고 있다. 남북의 경계 없이 넘나드는 명태의 습성을 통일의 이미지로 확장시키며 고성 명태의 브랜드를 키우기 위해 애쓰고 있는데 풍어와 안전을 기원하는 기원제와 음악회, 명태 요리 이벤트, 관광객을 위한 어촌 문화체험 프로그램 등을 운영한다.

예전에는 남과 북의 어업 제한구역에 하필이면 명태 떼가 몰리곤 하여 명태를 따라갔다가 이 금을 밟은 어부들도 있었다. 냉수冷水 어족이어서 동해안 원산까지 북쪽으로 몰리던 명태는 환경이 바뀌며 더 먼 곳으로 서식처를 옮겼다.

그래도 고성은 '고성태'를 만들어 명태의 명성을 유지한다. 원양에서 잡아 온 것을 급랭하여 덕장에서 말리는데 고성 앞바다에서 채수한 해양심층수를 뿌려가며 해풍에 말린다. 고성이 명태 주산지였지만 환경 변화로 더 이상 고기를 잡을 수 없게 된 지금은 명태(고성태) 가공으로 그 명성을 이어가고 있는 것이다. 이렇게 고성태가 이름을 알리고 있는 것에 반해 명태가 진부령을 넘어가면 이름을 바꾸어 황태가 된다.

인제는 황태의 고장이다. 용대리 계곡의 한겨울 바람을 맞으며 얼었다 녹기를 반복하여 3개월여의 시간을 지낸 명태는 새로이 변신한다. 황태라는 이름을 얻는 것이다. 용대리는 겨울이면 평균 영하 10도 이하인 날이 두 달가량이나 되고 계곡에서 늘 바람이 불어 명태를 말리는 최적의 장소이다.

이 황태 덕장은 함경북도에서 월남한 사람들이 처음 만들었다고 한다. 함경도 바다에서 많이 잡히던 명태로 황태를 만들던 사람들이 남쪽의 최적지를 찾아 이곳에 덕장을 만들면서 인제 황태를 만들어낸 것이다. 전국에서 생산되는 황태의 70퍼센트를 차지하고 있어 황태 하면, 자연스레 인제를 떠올리게 한다. 얼었다 녹기를 반복한 명태는 살이 마르고 부풀어 오르면서 황색을 띠며 부드러운 육질을 갖게 된다.

황태를 이용한 북엇국은 숙취 해소에 좋은 음식으로 꼽힌다. 진부령을 넘거나 미시령, 한계령을 넘으며 만나게 되는 용대리에는 황태해장국을 파는 음식점이 즐비하다. 판매장을 겸하는 이 음식점들은 전날 바닷가에서 생선회와 함께 과음을 했을 사람들, 또 바다를 넘어 다시 일터로 가는 이들이 마지막으로 바다의 추억을 갈무리하는 장소이다.

고성, 속초 등지를 다녀오는 길에는 왠지 꼭 들러야 할 것 같은 용대리 마을의 황태 음식점들은 바다의 향기를 내륙 깊숙이 끌어와 나그네들의 몸과 마음의 허기를 달래준다.

가끔 바다의 향기가 그리울 때면 냉장고 깊숙이 있는 황태를 꺼내 무를 '도톰도톰하게' 썰고 들기름에 살짝 볶아 황탯국을 끓인다. 국을 끓이다 보면 오현명의 노래 〈명태〉가 슬그

황태 덕장

머니 떠오른다. 그것도 "짝~짝~ 찢어져/ 내 몸은 없어질지라
도/ 내 이름만은 남아있으리라…" 하는 대목. 강원도의 명태
가 나의 식탁에 바다를 풀어낸다.

강원도를
강원도답게
만드는 사람들

〈정선아리랑〉 하면 생각나는 사람-진용선

태·영·평·정은 오랫동안 국회의원을 선출하는 하나의 선거구
로 유지되어 왔던 태백, 영월, 평창, 정선 지역을 통칭하는 말
이다. 21대 총선에서 강원도의 선거구가 지역별 특성이나 거
리, 면적과는 상관없이 기묘하게 찢어지기 전까지 이렇게 하
나의 축약어로 부르던 태백, 영월, 정선, 평창은 서로 인접하
면서 문화적 교류도 많고 사람과 물류의 이동도 적지 않은 지
역이다. 그중에서도 정선은 강릉, 동해, 삼척 등 영동 지역과
연결되고, 영서로 연계되는 평창, 그리고 강원도 남부 지역인
태백, 영월 등과 접하며 영동과 영서의 문화가 교차하는 위치
에 있다.

　백두대간의 해발 '1,000미터 이상의 명산이 22개'라고 군청
이 자랑할 만큼 깊은 산으로 둘러싸여 있다. 농사를 짓는 땅의
66퍼센트가 산간 고랭지이고, 토지의 86퍼센트가 산지이다.

많은 고개를 넘어야 닿을 수 있는 산마을이다. 태백, 삼척, 영월 등지와 같이 탄맥이 있어서 함백광업소, 삼척탄좌 정암광업소 등 광산들이 활황을 이루던 때도 있었다.

　서울을 기준으로 하면 강원도 영서 지역의 끝에 해당된다. 그 동네가 요즘은 사람들에게 많이 알려져 있다. 카지노가 있기 때문이다. 흔히 정선 하면 카지노와 그것을 운영하는 강원랜드를 먼저 떠올린다. 그다음으로는 정선오일장이 언론을 타고 사람들에게 많이 알려지면서 사람들을 정선으로 불러들이는 상품이 되고 있다. 하지만 무엇보다도 '아리랑의 고장'이라는 것이 정선 지역민과 외부인들이 떠올리는 정선의 대표 이미지이다.

　정선군청 홈페이지에도 '한민족 정서를 대표하는 아리랑의 발상지'로 지역 특성을 설명하면서 1,500여 수의 아리랑 가사를 보유한 곳이라는 자랑을 하고 있다. 아리랑 발상지인 송천과 골지천이 합쳐지는 아우라지가 있는 여량에 가면 상징 조형물인 아우라지 처녀상이 있고, 아리랑박물관도 있다. 아리랑을 상징하는 것이 날로 늘어나고 있는데 그중에서도 정선의 아리랑 하면, 나는 으레 '진용선'이라는 고유명사가 동시에 떠오른다.

　그는 일찍부터 정선아리랑에 관심을 기울에 정선 지역뿐만 아니라 국내, 나아가 중국, 러시아, 일본 등 우리 민족의 흔적이 있는 곳이면 어디든지 찾아다니는 아리랑 연구가이다. 어쩌면 이렇게 지치지 않고 하나의 주제를 가지고 일관되게 살아갈까 하는 의아함과 존경심이 절로 생기는 사람이다.

그는 정선 사람이다. 아버지가 지게 장단으로 아리랑을 부르는 것을 보며 자랐다는 그를 보면 세포마다 아리랑 가락이 담긴 게 아닐까 하는 생각이 들곤 한다. 그는 대학 시절부터 아리랑에 관심을 기울였고, 1987년부터 본격적으로 아리랑 채록 작업에 빠져들었다는데 지금까지 내내 아리랑을 붙들고 있다. 아이러니하게도 그의 전공은 독문학이다. 전공과는 다르게 아리랑에 관한 다양한 자료를 수집하고 연구하는 양과 깊이가 타의 추종을 불허한다.

인천에서 대학을 다녔던 그는 아리랑에 빠져 1988년 고향으로 돌아왔고, 1991년 정선아라리문화연구소를 만들어 본격적인 아리랑 연구를 시작하면서 줄곧 고향에서 살고 있다. 정선아리랑을 이야기할 때 진용선을 빼고는 이야기가 안 된다고 할 만큼 아리랑을 부르는 사람들을 찾아다니면서 가사를 수집하며, 그것의 의미를 많은 사람에게 전달하는 '아리랑 전도사'이다.

정선에서는 아리랑을 '아라리'라고 한다. 정선아라리, "아리랑 아리랑 아라리요…"의 '아라리'라는 말이 왠지 더 친근감이 간다. 정선만의 색깔이 담긴 듯하다. 이 아라리라는 말은 정선에서만 쓰는 것이 아니라 강원도 여러 지역에서도 아리랑 대신 아라리, 어러리, 아라레이 등의 여러 명칭으로 부르고 있다.

진용선은 시골의 폐교를 얻어 '추억의 박물관'을 만들어 지역의 생활문화사를 정리하고 보존하는가 하면 아리랑학교를 운영하며 사람들에게 정선의 소리, 대한민국의 소리, 아리랑을 가르치는 일에도 열성을 보였다. 무엇보다 아리랑연구소를 운영하면서 지역의 역사 기록을 정리하고 아리랑과 관련된 자료 수집을 지속적으로 하고 있다. 현장을 다니며 어르신들의 소리를 듣고 채록하는가 하면 그것을 통해 아리랑의 역사를 해외까지 추적하고 있다. 한민족의 해외 이주를 통해 아리랑이 세계에 전파되고 확장되어 가는 현장을 찾아다니는 것이다. 아리랑을 중심으로 한 그의 연구는 끝이 없다. 아리랑의 종류, 그 아리랑을 매개로 한 우리 민족의 문화적 확장, 여러 사정으로 조국을 떠난 재외 교포들이 아리랑을 간직하며 살아간 흔적을 찾아가는 그의 걸음은 여전히 분주하다.

나는 정말 많은 것을 보고 듣고 배웠다. 정선 오지 마을 사람들의 생활이 가난하고 불편해도 도시에서는 찾아볼 수 없는 정이 묻어난다는 것을 새삼 느꼈으며, 이들의 조그만 꿈도 옥수수 비탈밭에서 아라리와 함께 여문다는 사실도 알았다. 또 숱한 좌절 속에서도 질경이 같은 삶을 이어온 중국 동포들을 보며 아리랑의 정신으로 그들이 넘어온 아리랑 고개를 볼 수 있었다.

아라리를 찾아 나서는 일은 바로 가사 하나하나에 배어있는 올곧은 삶을 배우는 일이라고 다짐했었다. 정선아라리가 아리랑으로서뿐만 아니라 모든 사람에게 사랑받는 삶의 소리요 사랑의 소리이기 때문이다.

— 진용선 《정선아라리 그 삶의 소리 사랑의 소리》

그가 쓴 책에서 말했듯이 아리랑은 그에게 현재 진행 중인 삶이다. 다양한 삶의 현장에서 아리랑을 노래하는 사람들을 보며 삶을 배우고 더불어 정을 가득 담아 온다. 그래서 지치지 않고 낡은 카메라와 녹음기를 메고 세계 구석구석으로 아리랑을 찾아다니는가 보다.

정선에는 2008년 아리랑문화재단이 생겼다. 아리랑을 보다 체계적으로 알리고 콘텐츠화하기 위한 행정의 노력이다. 그는 자연스레 이 재단이 운영하는 아리랑박물관장을 맡았었다. 재직하는 동안 굵직한 기획전과 포럼, 인문 강좌 등을 꾸준히 열면서 지리적 열세를 넘어서 전국적인 관심을 모으는 박물관을 키우는 데 공을 들였다. 나도 그가 연 포럼에 일부러 시간을 내서 간 적이 있고 박물관에 걸음을 하기도 했다.

하지만 그는 2020년 이 공공 박물관장직을 털어냈다. 조금 더 자유로운 아리랑 연구를 위한 결단일 것이다. '아리랑아카이브'를 운영하며 자유로이 아리랑 채록과 연구를 하는 독립 연구자가 되었다. 현장을 좋아하는 그가 공공기관의 생활이 자유롭지 못했을 거라는 것을 말하지 않아도 충분히 짐작할 수 있다. 종종 내가 일하는 곳에 아리랑을 강의하러 먼 길 마다하지 않고 와주곤 했는데 예전이나 지금이나 그의 아리랑에 대한 열정은 한결같다.

왜 박물관을 그만두느냐고 묻지 않아도 어떤 심정인지는 이심전심이다. 그가 진정으로 존재감을 느끼는 곳, 그것은 아리랑 가락이 울리는 곳이다.

집을 고쳐 자료실을 만들고, 아리랑 자료를 축적하는 일뿐 아니라 고향 마을의 광산 역사를 수집 정리해 책을 내기도 한 그가 아리랑과 관련하여 지은 책만 해도 《정선 아리랑》, 《정선 아리랑 가사 사전》, 《중국 조선족 아리랑 연구》 등 50여 권이다.

"아라리를 찾아내는 일은 바로 가사 하나하나에 배어있는 올곧은 삶을 배우는 일이지요. 정선아라리가 아리랑으로서뿐만 아니라 모든 사람에게 사랑받는 삶의 소리, 사랑의 소리이니까요."

"형식의 틀에 얽매이지, 묶이지 않고 슬픔과 기쁨을 자유롭게 넘나들면서 올올이 맺힌 응어리를 풀고 또 푸는 소리", "짓누르는 현실을 아리랑에 실어 해학적으로 마음껏 표출한다", "아리랑 고개는 절망에서 희망의 세계로 넘어가는 현시 극복의 상징"….

아리랑에 대한 그의 해석은 끝이 없다. 한반도를 넘어 중국, 러시아, 일본, 하와이, 미주, 멕시코, 쿠바 등 한민족의 디아스포라 역사를 들여다보고 그 속에 아리랑의 맥이 흐르는 것을 보여주고 있다.

정선 뗏목 이야기를 취재 중인 진용선

잊을 만하면 새로이 펴낸 책을 보내며 근황을 알리는 진용선, 그를 이토록 지치지 않고 화려하지 않은 길을 가게 하는 힘을 무얼까. 그때마다 다시 생각해보곤 한다. 시류에 휩쓸려 떠다니지 않고 오롯하게 고향에 살며 고향 이야기를 끄집어내는 끈질김, 은근한 힘, 강원도 사람들의 힘일 것이다. 아리랑의 힘일 것이다.

분절된 철원 역사를 복원하는 사람 - 김영규

어느 날, 살고 있던 마을에 금이 그어지고 이쪽과 저쪽의 통치 주체가 달라졌다. 38선을 경계로 한 동네가 북한과 남한의 각각 다른 지배체제에서 살게 되었고 또 전쟁이 일어났다. 넓은 곡창지대인 이 땅은 두 곳 모두 식량을 확보하기에 중요한 곳이어서 치열한 전투가 이루어졌다. 수많은 사람이 죽어 나가고 상처를 입은 땅, 그리고 그 땅은 다시 갈라졌고 북한의 통치에 있던 땅 일부는 남한이 통치하는 곳이 되었다. 철원의 역사이다.

그곳에 살던 사람들은 그 시간을 어떻게 보냈을까?

참혹한 전쟁은 철원의 역사를 이리저리 뒤흔들었다. 예전 철원의 중심지였던 곳은 구철원, 그리고 신철원이 생겨났다. 이 틈에 두메산골이었던 철원군 갈말읍은 철원의 중심지로 새로 태어났다. 전쟁 후 잠시의 미군정은 또 전쟁이 일어날지도 모른다는 걱정으로 철원의 가장 남쪽 언덕에 자리를 잡아 군청과 구호 주택을 짓고 '신철원'을 만들었다고 한다.

철원 역사문화연구소장 김영규는 이 신철원이 고향이다. 철원에서 초·중·고등학교를 나오고 서울에서 대학을 졸업한 뒤 10여 년간 직장생활을 하던 그는 서울 생활을 털고 1996년 고향으로 왔다. 고향에 와서는 레저 사업을 하려고 준비했는데 하려던 곳이 수해가 나는 바람에 계획을 실천하지 못하고 학원을 운영하며 지냈다.

그 와중에 2005년 철원군이 태봉국 정도 1,100주년 기념행사를 추진하는 과정에서 만난 대학 선배로 인해 삶의 길이 바뀌었다. 태봉국 관련 행사에 이재범 교수가 왔는데 모교 출신

교수였다. 그래서 자신이 그 학교에서 역사를 전공했다고 하니, 그분은 김영규의 등짝을 후려치면서 말했단다.

"야, 네가 여기서 이 일을 해야지, 왜 내가 해야 되니?"

이 한마디가 죽비가 되어 지역의 역사에 관심을 갖게 되었다. 그럭저럭 운영하던 학원도 싫증이 날 무렵이고, 역사에 대한 DNA가 있는지라 본격적으로 뛰어들게 되었다고 한다. 그래서 고향에서 지역의 역사를 수집하고 기록하여 책을 내고, 강의를 하는 등 지역의 의미를 확장하는 일에 몰두하게 되었다. 누구도 넘볼 수 없는 철원 역사 연구자의 위상이 만들어졌다.

철원의 민통선 안쪽 마을이나, 철새를 보러 가는 사람들, 그리고 전쟁의 역사를 돌아보는 학자나 언론인 등이 철원에 가면 꼭 김영규를 만난다. 그의 머릿속에는 철원의 역사가 세세하게 기록되어 있고, 그 현장을 누구보다 잘 알기 때문이다. 몇 해 전 그는 《갈말&갈말 사람들》이라는 책을 썼다. 갈말 읍사무소가 발행한 것인데 책의 사진과 글 전체를 그가 맡아서 했다.

"갈말葛末이란 칡뿌리 끝이나 칡넝쿨 끄트머리를 말합니다. 아주 하찮은 존재라는 뜻이지요. 실제로 갈말면은 일제 강점기 때 가장 변두리 두메산골이었습니다. 신철원이라는 마을 자체가 없었고 기록도 아주 희박합니다. 그래서 더 많은 주민을 만나야 했고 더 많은 사연을 발굴해야 했습니다."

전쟁으로 인해 새로이 태어난 마을, 그곳의 역사를 지역 주민들의 증언과 사료들을 찾아내 갈말읍 100년의 이야기를 한 권의 책으로 펴낸 것이다. 나는 이 책을 지인들과 철원 답사를 갔을 때 받았는데 책의 간지에 "철원 방문을 환영합니다. 6·25 전쟁 직후 새로 탄생한 제 고향 신철원 이야기입니다"라고 적고 저자의 사인을 해서 주었다. 그 표현에서 그의 고향 사랑이 오롯이 전해졌다.

책은 지명 유래, 자연 유산과 문화유산, 그리고 마을 구석구석의 이야기를 지역 어르신들의 증언을 토대로 구성하고 있었다. 수복 이후 처음 들어선 미군 막사와 그곳에 임시로 들어섰던 군청, 경찰서, 이후 학교의 건립 등 주요 관공서의 건립 역사에서부터 상가가 형성된 출발점, 타지 사람들이 이주해 정착한 사연 등 생존한 어르신들을 찾아다니며 채록한 이야기들을 빼곡히 담아냈다. 이렇게 새로 만들어진 도시의 어제와 오늘을 꼼꼼하게 복원해낸 그는 이 이야기를 다음 세대들이 꼭 읽어주었으면 하는 바람을 갖고 있다.

민족끼리의 전쟁이라는 큰 소용돌이 속에서 지울 수 없는 상처를 입고 살아남은 사람들, 그들이 일구어낸 허허벌판의 역사를 기억해야만 지역의 자부심을 키울 수 있다는 믿음 때문이다.

부친이 6·25전쟁으로 북한에서 피난 온 실향민이었던 김영규에게 철원 땅은 어쩌면 온전히 뿌리내리기 힘든 곳이었을지도 모른다. 철원에서 태어나 성장하면서 지역의 곳곳에 대해 밝았지만 2005년부터 태봉국 연구를 하면서 더 깊이 지역의 역사, 문화에 관심을 기울이게 되었다고 한다. 지역을 공부하며 고향 사랑이 깊어진 그는 사람들에게 철원의 문화를 더 널리 알리는 일을 쉼 없이 벌이고 있다.

'철원역사문화연구소'를 운영하는 것 외에도 '(사)철원공감'을 만들어 지역자원을 토대로 문화 프로그램을 만드는 일에도 열정을 쏟았고, 최근에는 철원 안팎에 사는 철원 사람들과 함께 '철원의 미래를 여는 포럼'을 만들고 매달 전문가를 초청해 지역 현안과 비전에 관해 발제와 토론을 나눈다. 지속 가능한 철원의 미래를 고민하는 사람들이 모여 장기적이면서도 조금 더 구체적인 지역 발전 방안을 찾는 중이라고 한다. 포럼을 연 이후 한탄강의 지질 가치, 평화 생태 도시로서의 철원의 비전, 세계적인 두루미 서식지 만들기 방안 등 지역의 가치를 담은 주제를 논의해왔다.

그는 《갈말&갈말 사람들》을 내기에 앞서 철원의 가장 아픈 이야기, 수복지구 ─ 예전 북한 정권이 통치하던 땅 ─ 의 주민 20명을 찾아다니며 구술 채록한 자료를 정리하여 책으로 내기도 했다. 전쟁으로 인해 마을이 통째로 사라지고 변변한 기록 자료 하나 없는 지역의 현실에 안타까움을 느끼며 시작한 일이라고 했다.

철원 노동당사가 가장 대표적인 건물인 이 땅은 옛 철원의 중심지였지만 1945년 해방 이후부터 전쟁 그리고 수복, 미군

정이 끝나고 민간 이양이 이루어진 1954년까지 10년의 역사가 통으로 사라진 곳이다. 전쟁 전후 복잡한 지배구조 아래 살던 지역민들의 삶이 지워진 것이 안타까워 이곳저곳을 찾아다니며 말하기 어려운 이야기를 끄집어냈다. 지금의 체제에서 북한 지배를 받으며 살던 이야기를 꺼내기는 쉽지 않았을 것이다. 그의 끈질김과 고향에 대한 애정이 그것을 가능하게 했다. 북한군과 국군이 교대로 지배하던 땅에서 살아온 사람들의 삶은 한 편의 드라마이고 굴곡의 연속이다.

2007년부터 조사를 시작해 그해 12월까지 70~80대 어르신들을 부지런히 찾아다니며 어렵게 말문을 열게 하며 구술 정리를 했지만 그로부터 10년간 이 이야기를 책으로 펴낼 기회를 갖지 못해 묵혀있었다. 그러다 이 자료의 가치를 알아본 서울대학교 통일평화연구원이 지원하면서 2018년 2월 한 권의 책으로 빛을 보게 되었다.

북한 땅에 살면서 인민군으로 징집되었다가 전쟁에 나가거나 탈출한 사연, 공산 치하에서 교사 생활을 했고, 반공 비밀 결사 조직에 가담했다가 반동분자로 몰려 복역을 해야 했던 사연, 6·25전쟁 중 노무 부대원으로 참전하여 진지 구축, 탄환 수송, 철조망 가설 등의 노동을 했던 일 등 지금은 사라진 마을에서 일어난 일들을 들으며 혼란의 시기에 고향을 지킨 사람들이 누구인지도 알게 되었다고 한다.

김영규와 같은 사람들을 흔히 '향토사학자'라고 부른다. 대학이나 연구소에서 전업으로 연구를 하는 사람들과는 구분 짓는 말인데, 곰곰 생각하면 일반 사학자와 구분하는 것 자체가 층위를 두는 일이다. 하지만 그런 구분과 상관없이 수많은 지역 연구자들은 현장에서 날것의 보석을 건져 올린다. 주민들의 구술을 통한 증언, 그리고 구석구석 뒤져서 나오는 사료를 토대로 하여 대부분의 연구자가 크게 관심을 갖지 않는 지역의 마을 역사와 생활사를 찾아낸다. 일상 연구로서 이런 미시사 연구는 학문적 가치를 논외로 하더라도 우리에게 지금 내가 살고 있는 곳의 의미를 깊이 있게 해준다.

'아, 이전에 여기에 살던 사람들의 흔적이 이거구나. 이 사람들은 이곳을 정말 사랑했구나.'

무심히 지나쳤던 지역의 건물, 나무, 때로는 아무 존재감 없던 동네 어르신의 파란만장한 생애사도 내가 살고 있는 지역과 연관 지어 애틋하게 다가온다.

삶의 터전을 한 걸음 더 가까이 다가가서 보게 하고, 그래서 내가 발 딛고 있는 이곳이 사랑스러워지는 것, 이 역할을 김영규와 같은 이들이 한다.

철원은 오랫동안 '안보 관광지'라는 이름으로 분단의 현실을 보여주는 장소였다. 우리의 반공 이데올로기를 강화시키는 땅이었다. 분단으로 인해 행정구역이 분단되어 있는 데다, 옛 공산 치하의 땅에는 노동당사를 비롯해 여러 공공기관 터가 그대로 남아있어서 거대한 박물관 역할을 하고 있기 때문이다. 오래전 철원 노동당사에서 '열린 음악회' 공연을 본 적이 있는데 무척 감동적인 풍경이었다. 사람의 출입이 제한된 곳, 북한의 건물이 있는 허허로운 땅에 음악이 울리는 것에 마음이 뭉클하면서 평화란 무엇인가 하는 생각을 했던 것 같다.

출입 허가를 받아야 갈 수 있던 이곳은 요즘 문화행사가 종종 열린다. 예전보다는 민간인 통제선 출입이 수월해졌고 철원군이 관광자원으로 다양하게 활용하고 있기 때문이다.

넓은 평야가 있는 철원의 민통선 안쪽은 철새 도래지이기도 하여 매년 겨울이면 두루미가 철원평야에 내려앉는 모습이 장관이다. 또 현무암 지대의 특이한 지형을 갖고 있어서 '세계 지질 공원'으로 등재되어 있는 생태공원이다.

하지만 남북 분단의 현장, 비무장지대가 있고 여러 군부대가 주둔해 있는 철원은 늘 전쟁의 공포를 안고 살아왔다. 전쟁과 연관된 이야기가 넘쳐난다. 그리고 민간인 통제선 위쪽에도 주민들이 산다. 지금은 많이 나아졌지만 이 지역을 지나려면 검문을 거치고, 군인 초소를 지나야 한다. 요즘도 6·25 전사자 유해 발굴이 진행되고 있는 곳이다.

여전히 전쟁 중인 것 같은 땅 철원, 그 땅이 예전 궁예가 건립한 태봉국의 도성이 있었던 땅이라는 것, 그 어디에서도 볼 수 없는 자연 자원이 있다는 것, 김영규는 전쟁의 이미지를 가지고 있는 철원을 역사와 문화, 자연 등이 풍부한 지역으로 의미와 가치를 전환하는 데 온 에너지를 쏟고 있다. 그리고 전쟁

2018년 구술집 출판기념회 단상에 선 김영규

을 넘어 통일의 이미지도 소중하게 생각한다.

철원에서 가장 좋아하는 곳이 어디냐고 물으니, 그는 소이산이라고 답한다. 소이산은 넓은 철원평야 한가운데 있는 작은 산이지만 시야가 확 트이는 곳이기 때문이란다.

2011년까지는 민간인 통제구역 안에 있던 곳인데 지속적인 민원으로 통제에서 풀렸다. 362미터의 낮은 산이지만 정상에서 철원역, 노동당사, 백마고지, 김일성고지, 제2땅굴 등이 한눈에 보이고 생태계가 잘 보존된 지역으로 생태숲길도 조성되어 있다. 최근에는 전망을 보기 위한 모노레일까지 생겼다.

얼음이 언 한탄강을 걷는 한탄강 얼음 트래킹을 할 때, 새벽에 토교저수지에 두루미가 날아오르는 장관을 보러 갔을 때, 그는 늘 함께했다. 그때마다 조용하게 힘 있게, 제 고향 이야기를 하곤 한다. 철원의 명소를 보러 갈 때, 그곳의 이야기를 풍성하게 듣고 싶고 진짜 맛집 정보를 얻으려면 김영규를 만나야 한다. 그는 철원의 진득한 이야기꾼이며 '철원 사랑방' 주인이다.

원주는 한지 문화의 중심입니다 - 김진희, 이선경

'문둥이'가 집에 왔다. 문둥이는 사람의 간을 먹는다는 속설이 있어서 엄청 무서웠다. 왜 왔을까? 알 수 없지만 그 말을 듣고 문창호지에 살그머니 구멍을 뚫어 밖을 내다보았다. 그 기억, 흐릿하다. 그는 뭔가 보따리 같은 것을 어깨에 메고 있었다. 얼굴은 보이지 않고 등만 보였다. 워낙 어릴 적의 기억이라 앞뒤 이야기의 흐름은 불연속적이지만 '문둥이'라는 단어가 주는 두려움과 호기심으로 침을 발라 문구멍을 뚫었던 기억만 남는다.

집의 방문은 창호지로 되어있었다. 그게 문창호지에 대한 내 첫 기억이다. 문창호지에 대한 추억이 또 하나 있다. 우리 집에서는 가을이 되면 방문을 떼어서 창호지를 새로 붙이곤 했다. 그럴 때면 엄마는 꽃잎이나 낙엽을 새 문창호지에 붙이고 다시 그 위에 종이를 덧붙이곤 했다. 물을 흠뻑 적셔 낡은 창호지를 뜯어내고, 풀을 쑤어 새 종이로 문을 바르는 작업은 우리 형제자매들에게는 신나는 놀이였다. 하지만 우리가 자라나고 바빠진 엄마는 그 일을 더 이상 하지 않았다. 이사를 몇 번 하는 사이 창호지 문은 나무로 바뀌었고 방과 방 사이, 방과 바깥 사이는 완전한 단절이 이루어졌다.

한지로 된 문에 대한 익숙하면서도 인상적인 이미지는 고전 드라마에서 보는, 한지에 비치는 그림자가 드리워진 방이다. 오랫동안 집을 떠났던 이가 밖에 서서 집 안의 불빛에 비치는 그림자를 바라보며 가족의 존재를 느낀다. 하지만 이런저런 사연으로 그는 차마 들어가지 못하고 서성인다. 그러면 안에서도 인기척을 느끼고 내다보는 장면이 나오곤 한다.

한지로 된 문은 공간과 공간을 분리하면서도 완전히 차단하지 않고 연결의 가능성을 보여준다. 한지는 우리의 오랜 종이 문화다. 책을 만들어 기록을 남기는 용도로 많이 쓰였을 뿐만 아니라 함지, 과반, 병 등 생활용품을 만드는 데도 활용되었다.

지금은 우리의 일상에서 멀어진 한지를 소재로 하는 축제가 있다. '원주한지문화제'이다. 전주, 안동 등지에서도 한지축제가 있지만 강원도 종이 문화의 역사를 찾아내고 이를 문화예술뿐 아니라 산업으로도 확장하고 있는 원주한지문화제는 프랑스 등 외국과의 교류가 이어지면서 축제의 이름을 널리 알리고 있다.

원주는 오랫동안 군사도시로 인식되었다. 지상작전사령부가 이곳에 있고, 직할 사단인 35보병사단이 자리한다. 또 미군 부대 '캠프롱'이 1951년부터 2010년까지 주둔하기도 했다.

과거로 거슬러 가면 오래전부터 사람과 물자의 이동이 활발한 가운데 탄탄한 역사를 지녔음을 알 수 있다. 강원도의 남서쪽에 위치한 도시로, 동쪽으로는 영월과 평창이, 북쪽은 횡성이 인접하지만, 서쪽으로는 경기도의 여주와 양평, 남쪽으로 충주, 제천 등과 맞닿으며 다른 도와 경계를 이루고 있으니 유동이 많은 곳이다. 더구나 남한강의 하류에 인접해 있어서 조선 시대에는 나라에 세금으로 바치는 세곡稅穀을 실어 나르기 위해 원주시 부론면에 흥원창興原倉이 설치되어 있었다. 물길뿐 아니라 육로도 한양(서울)에서부터 강원도로 이어지는 관동대로가 지난다. 경기도와 강원도를 잇는 길목이다.

교통이 좋으면 사람과 물류의 이동이 많다. 그 이동을 통해 새로운 문화를 받아들이고 또 그것을 흡수하여 발전시키는 힘을 갖게 된다. 하지만 현대에 들어와 많은 군부대가 주둔하게 된 원주는 도시의 고유 색깔을 잃고 유동 인구가 많은 도시, 경제도시로서의 이미지만 부각되었다. 최근에는 공공기관과 산업체를 대거 유치하면서 기업도시, 산업도시로 더욱 성장하고 있다. 인구수도 2022년 기준 약 37만 명으로 강원도에서 인구가 가장 많은 도시이다. 춘천은 약 29만 명, 강릉은 약 21만 명인 것에 비교하면 도시의 성장과 규모가 확연하게 차이가 난다.

이렇게 성장 가도를 달리고 있는 도시에서 지역의 오랜 가치, 문화적 힘을 찾아가는 일에 천착하고 있는 여성 2명, 웬만한 원주 사람이라면 모를 리 없는 이들은 한지개발원 이사장 김진희와 한지문화제 집행위원장 이선경이다.

처음 이들이 한지문화제를 한다고 할 때 의아한 생각이 들었다. 두 사람 다 학생운동에서 출발해 우리나라 민주화에 청춘을 바쳤고, 이어서 지역에서 시민운동을 하는 활동가였기 때문이다. 크고 작은 지역의 의제를 발굴하고 때로는 시위 현장에 나서며 사회개혁을 위해 활동하는 사람들이 어느 날 한지문화제를 한다는 것이었다. 왜 원주에서 한지문화제를 하는지 알 수 없었고, 또 왜 그들이 하는지 모를 일이었다.

하지만 문화 기획과 연구를 하는 나에게 컨설팅을 제안하면서 이들의 활동을 자세히 들여다보게 되었다. 여러 사정으로 축제의 컨설팅을 하지는 못했지만 이들의 열정과 축제의 배경을 깊이 이해하는 기회가 되었다.

이들이 한지축제를 만든 사연은 이렇다.

원주시민연대(이후 원주참여자치시민센터로 바뀜)를 조직해 활동하던 이선경이 지역의 정체성을 찾기 위해 지역민을 찾아다니며 인터뷰를 하게 되었다고 한다. 그 과정에서 한지로 이름나있던 원주를 발견한 것. 그리고 가업을 이어 어렵게 원주 색한지色韓紙의 맥을 이어가고 있는 한지 장인匠人 장응렬 씨와 함께 한지 살리기 운동에 나선 것이다.

이들의 축제는 전문 문화 기획자가 판을 만드는 방식에서 비껴나 시민운동 관점에서 시민들이 주도적으로 참여하고 만들어갔다. 다양한 지역민들을 참여시키는 데 관심을 기울이는 동시에 원주의 전통문화를 찾고 키워나간다는 의욕으로 키워갔다. 1999년 시작된 일이다.

그렇다면 이선경이 찾은 원주 한지의 역사는 어떻게 이루어진 것일까? 원주는 법천사法泉寺, 거돈사居頓寺, 흥법사興法寺 등 대규모 사찰이 여럿 있었는데, 이 사찰이 한지의 생산처이자 관청과 더불어 주요 소비처였다고 한다.

중부 내륙 지역인 원주는 닥나무가 잘 자라는 환경이었다. 그 근거는 지명에서부터 드러난다. 원주의 지명 중 호저면이 있는데 닥나무 밭이 많아서 생긴 이름이라고 한다. 호저好楮의 저楮는 닥나무이다. 예전에는 저전동면이 있었는데 이 마을은 행정구역 개편으로 호매곡好梅谷면과 합하여 호저면이 되었다고 한다. 그리고 원주 감영 일대에는 한지 마을과 인쇄 골목이 있었고, 한지를 만드는 공장들이 여럿 있었다는 것. 하지만 1970년대 이후 펄프를 원료로 하는 양지洋紙가 대량 생산되면서 한지 산업은 자연히 쇠락하게 되었다. 오랜 전통을 갖고 있던 원주 한지는 그렇게 잊혀졌다.

이러한 원주 한지의 역사를 자세히 알게 되면서 두 사람은 원주 한지가 갖는 지역성과 문화 맥락에 깊은 관심을 갖게 되었다. 참여자치시민센터를 이끌며 시민운동을 하던 이들이 지역의 역사와 문화에 관심을 가지는 것은 자연스러운 일인지도 모른다. 지역운동은 지역을 깊이 알아야 하고, 그러기 위해서는 지역사를 꿰뚫어야 한다. 하지만 이들은 아는 것을 넘어서 잊혀진 원주의 자산을 지역의 새로운 문화로 만들어가는데 자신들의 삶을 걸었다.

김진희와 이선경은 같은 단체에서 일하고 있다. 원주에 기반을 둔 사회운동가 이창복 씨를 스승으로 모시며 함께 한지축제를 키웠다. 그 사이 김진희는 도의원으로 출마하여 정치에 참여하기도 했지만 이선경은 오직 시민단체의 실무, 대표 등을 지속해서 맡으며 한지축제의 실행 중심에서 떠나지 않았다. 두 사람은 오랫동안 친한 친구이자 동지로 지내면서 한지축제를 자신들의 지역운동 중에서 가장 큰 사명으로 여기고 일한다. 이들의 열정이 녹아든 축제는 많은 사람들의 공감을 얻으며 날로 성장했다. 한지의 다양한 이용을 고민했던 이들은 한지로 옷을 만들어 한지 패션쇼를 첫 회부터 여는 등 산업화에도 관심을 쏟으며 한지의 활용성을 높였다.

이 두 사람과 협력하며 원주 한지를 되살린 사람은 장응렬 씨이다. 그는 색한지를 중심으로 한지를 만들어온 부친의 업을 이어 아름다운 자연색의 한지를 만들어내고 있어서 최근 강원도의 무형문화재로 지정되었다.

이들은 또 행사 중심의 축제에서 한 걸음 더 나아가 한지

문화와 산업을 활성화하기 위해 2001년 (사)한지개발원을 설립했다. 한지개발원은 원주시가 건립한 한지테마파크를 위탁 운영하고 있다. 요즘 축제는 이곳을 거점으로 진행된다.

축제가 열리면 한지테마파크에는 색색의 한지 등이 내걸리고, 은은한 색감을 자랑하는 한지가 휘장으로 장식되어 바람에 출렁인다. 특별한 장식 없이 매달린 한지 그대로 설치미술 품이다. 햇빛과 바람에 흔들리는 한지, 그 사이로 멀리 초록의 나무 색, 사람들의 움직임이 평화로워 보인다.

그리고 곳곳에서 한지공예대전 입상작들 등 한지를 테마로 한 공예작품들이 전시되고 한지와 한지공예품 판매, 한지 제작 과정을 보여주는 체험, 그리고 공연들이 틈틈이 펼쳐진다. 종이를 테마로 무궁무진한 문화를 만나는 시간이다.

한지를 매개로 이들이 펼치는 꿈은 넓고 깊다. 무엇보다 '종이'를 주제로 외국의 여러 나라와 교류를 끊임없이 시도하고 있다. 특히 프랑스에서 'paper road'를 주제로 전시를 하는 등 해외 교류를 지속적으로 하고 있다. 일본, 중국 등지에서도 국제행사를 개최하며 한지의 깊은 멋을 세계로 확장해나가는 일에 전력하고 있다.

이들은 남북 교류에도 한지가 중요한 매개가 될 수 있다고 생각한다. 남쪽에서 사라져가는 창호 문화가 북한에는 아직 남아있을 거라는 기대와 함께 닥나무를 북한에 심어서 사라져가는 한지 산업을 키우는 것이 가능하지 않겠냐는 것이다.

한지 문화를 세계에 알리는 김진희와 이선경

남북이 함께 공감하는 문화를 매개로 서로의 간극을 메워나 갈 수 있을 것이라는 희망의 끈을 잡고 교류의 길을 이리저리 찾고 있다.

쉽게 쓰고 버리는 종이의 연원을 들여다보고 그중에서도 우리 종이가 갖는 다양성을 찾아내어 그것으로 지역문화의 자부심을 찾아가고 또 그것으로 분단된 남북을 잇는 매개로 사용하려고 애쓰는 그들을 보면 진정한 지역운동이 무엇인지 새삼 깨닫게 된다.

오랜 삶의 흔적인 한지에서 공동체가 결속할 실마리를 찾아내고 문화로, 산업으로, 나아가 통일의 도구로 만들어가는 김진희, 이선경이 있는 원주는 활력이 가득하다.

태어나고 자란 땅을 그리는 화가-길종갑

'화가 길종갑', 이렇게 쓰고 나니 다시 '농부 길종갑'이라고 해야 할까… 그를 설명하는 수식어에 무얼 먼저 써야 할지 살짝 갈등이 일어난다. 그는 화천군 사내면 삼일리에서 토마토 농사를 짓는다. 농사량이 적지 않은 전업 농업인이다. 하지만 농부라고만 설명하기에는 또 뭔가 부족하다. 그림을 전문적으로 그리는 사람이기도 하니 말이다. 화가로서 그는 꾸준한 전시 이력 외에도 미술 조직의 명함도 제법 많다. 화천미술인회

작품 전시회에서 만난 길종갑

회장을 역임했으며 강원민족미술인 협회장, 평창비엔날레 운영위원장을 맡기도 했다. 그런데 막상 그의 얼굴을 보면 이런 요란한 직함들이 왠지 잘 안 어울린다. 경계가 없고, 사람들을 좋아하고, 늘 농부의 차림이다. 격식을 엔간히 싫어하는 사람이다. 그는 화천에서 태어나 성장하였으며 미술 공부를 하기 위해 대관령을 넘어 강릉으로 간 이력을 빼고는 내내 태어난 곳에서 살고 있다.

내가 그를 처음 만난 것은 여러 해 전, 지인 몇 명과 화천의 사내면에 있는 곡운구곡 답사를 갔을 때다. 꽤 깊은 산골에 있는 곡운구곡은 1670년, 조선 현종 때 곡운谷雲 김수증金壽增이 화천군 사내면 화악산 북쪽에 은거했던 유적이다.

중국 남송 주희朱熹가 무이산의 운곡雲谷에 머물며 주변의 경관을 무이구곡武夷九曲이라 이름했던 것을 본떠서 이곳을 '곡운'이라 이름 짓고 인근 곳곳의 명승 9곳을 곡운구곡으로 정하며 살았고, 화가 조세걸에게 의뢰하여 그림으로 남겼다. 김수증은 안동 김씨 명문가의 자손으로 그 집안은 권력의 중심에 있던 가문이다. 하지만 그만큼 정치적 격동의 중심에 놓여있었다.

김수증은 아우인 김수항·김수흥 형제와 사우師友 송시열 등 주변 노론의 인사들이 정치적 화를 입자 더 깊은 곳으로 들어가 은둔했다. 처음에는 화천 사내면 청람산 아래 와룡담을 바라보는 곳에 곡운정사와 정자 농수정 등을 짓고 살았는데, 이후 지금의 삼일계곡 백운계로 이전한 것이다. 화악산으로 가는 길목인 이 계곡에 화음동정사華陰洞精舍 등 주변을 가꾸었으며 그 안의 집 이름을 부지암不知菴이라 지었다. 세상일 알 수 없으니 멀리 떨어져 살며 신선의 삶을 꿈꾼 것이다.

이상향 곡운구곡은 그림으로 남았고 김수증이 은둔하였던 화음동정사지에는 집터와 절구 터 등 흔적이 현재까지 남아있다. 개울 가운데, 그리고 그 건너에 송풍정, 삼일정 등 2개의 정자도 있다. 또 그 정자 옆의 커다란 바위에는 글씨와 태극도, 하도낙서, 선후천입궤도 등 주자학을 바탕으로 새긴 도상圖像들이 남아있다. 자신만의 이상향을 만들고 그곳에서 거닐었던 기록들을 보면 꿈같기도 하고 은둔의 삶이란 어떤 것일까 곰곰 생각하게 되는 곳이다.

길종갑은 이 부근에 산다. 그가 살고 있는 삼일리의 마을회관 앞에는 곡운이 살던 입구를 알리는 돌이 하나 있다. 자신의 은둔지로 들어가는 입구를 표기한 '화음동문'華陰洞門'을 표시했던 흔적인 '華陰'이 새겨져 있다. 원래의 위치는 이곳이 아닌데 마을 도로공사를 할 때 파헤쳐져서 옮겨놓았다고 한다. 곡운구곡에 대해 학자들이나 미술가들의 관심이 높아지면서 답사객이 늘어났는데, 이곳의 토박이인 그는 종종 안내를 맡곤 한다. 자신도 화가이기에 곡운구곡에 대해 깊이 연구하고, 주변을 샅샅이 다니며 그 흔적들을 점검했을 터이다.

우리 답사팀이 갔을 때도 그는 그 마을 입구 '華陰'이 새겨진 돌에서부터 구곡의 포인트마다 안내하며 지금은 변해버린 곳의 옛이야기도 들려주었다.

곡운구곡은 춘천에서 시작되어 화천 사창리, 삼일리로 이어지는 길가의 자연 경관이다. 1곡 방화계를 시작으로 하여 9곡 첩석대까지 그림과 글로 남은 풍경을 따라가는 여행은 무한한 상상력을 제공한다. 포장길이 뚫리고 바위들이 옮겨지면서 옛 모습을 가늠할 수 없는 곳도 많은데 구석구석을 내 땅처럼 다니는 사람이 함께하면 옛 흔적을 찾는 일이 훨씬 더 수월하다.

다산 정약용도 이곳을 답사하며 자신만의 관점으로 구곡의 포인트를 다시 기록하기도 하였다. 다산처럼 선인이 일러주는 풍경을 따라가면서도 나만의 시선을 갖는 여행법을 배워야 하지 않을까 싶다.

곡운구곡과 화음동정사가 있던 이곳은 이후 많은 사람이 기록을 따라 여행했다. 그가 거주하던 시기에도 지인들이 방문하곤 하여 곡운의 삶을 닮고자 했다. 그의 조카인 삼연 김창흡도 이곳 화음동에 머물렀다. 설악산 영시암에서 지내다가 노년에 화음동이 있는 계곡 아래쪽에 자신의 거처인 곡구정사를 짓고 살았다고 한다. 이 밖에도 많은 문인이 곡운구곡의 명승을 보기 위해 이 깊은 산속으로 찾아들었으니 그들은 그곳에서 무엇을 보았을까? 잠시의 발걸음에서 은둔의 자유를 읽었을지, 이 거처를 만들었던 사람을 따라 자신도 그런 삶을 꿈꾸었는지….

이곳에 집을 짓고 노년을 보낸 김창흡은 일상과 자연 속에서 삶의 흔적을 남기고 있다. 섣달그믐, 촛불을 켜고 한 해를 넘기기 어려운 상념에 들고, 봄이 오면 돋아나는 새싹을 보며 시를 지었다. 봄바람, 따스한 봄볕에 녹는 눈, 묵은 뿌리에서 돋는 새싹 등 자연의 변화를 세밀하게 들여다보며 느끼는 자연의 힘을 노래했다.

길종갑은 이 곡운구곡과 한 몸을 이루며 살아왔다. 선인들이 그림으로, 글로 남긴 명승을 그는 어려서부터 자연스레 눈에 담고 그 안에서 뛰어놀고, 걷고, 계곡에 몸을 담그며 하나가 되었을 것이다. 주변 경관에 어떤 의미가 붙기 전부터 그는 그곳에 살며 그것들로부터 감성을 얻고, 예술가로 성장하는

씨앗을 품고 키우는 시간을 가졌다.

길종갑의 그림은 강렬한 색상과 거친 붓질의 질감을 가졌다. 초기 그의 작품은 뭉크의 〈절규〉를 연상시키는 우울하고 시사적인 것들이 많지만 언제부터인지 자신이 사는 마을의 풍경을 주로 그린다. 짙은 파란색을 베이스로 하면서 붉은색, 초록, 노랑의 원색에 가까운 색들이 뒤섞인다. 그중에서도 그가 가장 오랫동안 심혈을 기울이고 있는 것이 〈곡운구곡도〉이다.

조선의 화가 조세걸이 그린 그림은 모사되어 국립중앙박물관에 소장되어 있다. 〈곡운구곡도〉에 대한 관심으로 인해 이곳 풍경을 그리는 화가들이 더러 있는데, 길종갑만큼 이 풍경을 가까이 두고 여러 번 그린 작가는 없을 것이다. 그가 심혈을 기울이는 그림은 곡운구곡도 외에도 마을의 일상을 담은 마을 전경도이다. 100호 이상의 대작이 많은 것이 특징이다. 곡운구곡을 중심으로 마을이 변해가는 모습과 이야기를 담아 그려내기도 하고, 계절마다 계곡, 냇가, 밭 등 자기와 이웃의 생활을 그린다.

화악산이 있고, 용담계곡, 삼일계곡 등 오래전, 그곳에 은둔한 사람들에게 삶의 길을 일러주어 이상향으로 여겼던 자연, 그를 키운 이 자연에 무한히 감사하며 자신의 고향을 그림으로 풀어내고 사람들에게 그 의미를 전한다.

〈개발 예정지의 봄〉, 〈풍속도〉 등 그가 요즘 그리는 것은 '이상한 풍경'이다. 사람들은 자연을 예전처럼 가만히 두지 않는다. 편의라는 이름으로 개발하고 새로운 것을 지어서 본래의 모습을 흐트러뜨린다. 그는 그런 풍경도 담아내며 오늘의 자연을, 오늘의 우리를 이야기하기도 한다.

강렬한 색상을 배경으로 하며 큰 스케일로 그려내면서도 그 안에 지역 사람들을 옹기종기 담고 있어 무거운 듯하면서도 재미있다. 냇가에서 노는 사람, 일하는 농부, 그리고 군인들의 행렬도 풍경 사이사이에 담는다. 사람이 살고 있는 자연을 이야기하려는 것 같다.

큰 산경이나, 마을 전도 안에서 그런 사람들을 찾아내는 것은 마치 숨은그림찾기 같은 즐거움을 주기도 한다. 작가가 하는 이야기를 찾아내고 나면 슬그머니 미소가 나온다. 거친 농부의 얼굴에 담은 천진한 웃음이 그대로 그림에 투영되어 있다.

2018년에는 '엄마의 정원'이라는 다소 감성적인 주제로 전시를 열었는데 그 전시에는 함께 살고 있는 자신의 엄마 일상을 담았다. 집주변 풍경, 그 안에서 잠시도 쉬지 않고 일하는 엄마를 담았는데, 어쩌면 고된 노동 풍경일 수도 있는 모습을 '정원'으로 규정지으면서 그 엄마의 고단함을 푸근한 서정으로 풀어냈다.

길종갑의 엄마는 농사를 지으며 집 안팎을 돌보는 전형적인 농촌 엄마이다. 토마토가 한창 익는 여름철이면 곡운구곡을 답사하는 여행객을 대상으로 집 앞 도로변에 무인 토마토 판매장을 연다.

그는 "자신의 삶이 어디서 시작해서 지금 어떻게 지내는지 고민하지 않을 수 없으며 어떤 형태의 존재이든 최선을 다하는 것이 아름답다"고 말한다. 지금 내가 있는 곳, 그곳을 사랑하고 즐기는 것, 그 안에서 깊은 울림이 나올 수 있는 것 같다.

토마토 농사를 짓고 있는 그는 집 건너편에 커다란 창고 하나를 지어 그곳에서 그림도 그리고 자신의 그림을 보여주는 전시장으로 이용하고 있다. 소박한 갤러리다.

그는 매년 토마토가 익는 계절이면 몇 박스씩 차에 싣고 나와 사람들에게 선물하곤 한다. 머쓱한 웃음과 함께 건네는 토마토, 그 색깔만큼이나 그의 그림은 나날이 익어간다.

춘천의 삶을 시로 기록하는 이무상

춘천은 한자어로 '春川', 이를 우리말로 하면 '봄내'다. 사람들은 이 단어를 참 좋아한다. 걷는 길은 봄내길, 봄내초등학교, 봄내병원, 봄내닭갈비… 춘천시청의 홍보 잡지 이름도 '봄내'다. 도시 곳곳에도 '봄내'를 상호로 건 업소들이 꽤 많다.

이 봄내마을 곳곳의 지명도 예쁜 곳이 많다. 모수물길, 사랑말, 앞뚜르, 뒷뚜르, 우묵골, 학곡리, 곰실 등 어떤 곳은 길 이름으로, 또 행정명으로 공식화된 곳도 있고 자연부락이나 마을 지명으로만 남아있기도 한데 그 이름마다 사연이 담겨있다.

이런 이름 중에는 옛 지명들이 한자의 음이나 뜻을 빌린 향찰이나 이두식으로 표기되면서 본래의 의미가 바뀐 곳도 많다고 한다. 음을 빌린 것도 있고 뜻을 빌린 것도 있어서 이게 뒤섞이다 보니 전혀 다른 뜻으로 변한 마을 이름들이 있다는 것이다.

이를 본래의 우리말로 된 지명과 뜻으로 제대로 찾아내는 작업을 해온 사람이 있다. 2007년《우리의 소슬뫼를 찾아서》라는 책을 발간한 이무상 씨인데 그는 민속 연구가나 학자가 아니라 시인이다. 춘천에서 태어나 살면서 오랫동안 시인으로 살아온 그가 오롯이 지역에 대한 관심으로 지명을 연구하고 그걸 책으로 펴냈다.

그의 책을 읽어보면 마을마다 지역의 모양이나 특징을 살려 자연적으로 붙여졌던 이름들이 본래의 의미가 왜곡되거나 사라졌다는 것을 알 수 있다. 춘천의 경우 6·25전쟁 이후 외지에서 온 사람들이 많아지고 젊은 층이 늘어나면서 큰 변화가 이루어졌다고 한다. 그 이전에는 자연부락의 이름들이 행정명과 함께 사용되며 유지되어 왔다는 것. 그러나 사람들이 기억하고 불러주면서 이어졌던 이름들은 시간이 지나면서 점점 왜곡되기 시작하거나 잊혀졌다.

특히 마을 이름들이 한자어로 바뀌는 과정에는 음을 빌리기도 하고 또 뜻을 살려 이름이 바뀌기도 했는데 그로 인해 어떤 지명은 마을 고유의 색을 지닌 지명과는 전혀 다른 의미로

이무상 시인

뒤바뀌기도 했다.

　이무상 씨가 찾아낸 지명의 규칙을 읽으면서 '아, 이 이름은 이런 뜻에서 시작되었구나.' 알 수 있었다. 마을이라는 뜻의 골, 말, 실 등이 붙은 애막골, 가막골, 양짓말, 점말, 품실, 두름실 등과 강이나 냇가 마을임을 알려주는 버드내, 가린내, 마삼내 등이 대표적이다. 그 마을이 어떤 모습이고 어떤 특징이 있는지 이름만으로도 짐작을 할 수 있는 것이다.

　춘천에는 '말탕개미길'이 있다. 웬만한 사람은 왜 이런 이름이 붙었는지 알 수 없다. '개미가 말을 탔다고…?' 고개를 갸웃거리게 된다. 이곳은 행정구역으로 교동校洞인데 '말을 탄 감사監司가 넘어왔다'고 해서 지어진 이름이라고 한다.

길 이름에 동네의 역사가 담긴 것이다. 또 석사동에도 행정 구역으로 '스무숲길' 동네가 있다. 이곳 성당 이름도 '스무숲 성당'인데, 이 이름도 종종 오해를 하는 곳이다. 스무 그루의 나무가 있었나, 하는 상상을 쉽게 하게 되지만 사실은 느릅나무과인 스무나무가 군락을 이루었던 곳이어서 스무숲이라는 게 정석이다. 이처럼 동네의 이름에는 저마다 예쁜 옛 이름들이 있는데 잘 알지 못한다.

그래도 최근에는 이 이름들을 되찾아 길 이름을 붙인 곳이 여럿이어서 반갑다. 이런 변화에 이무상 시인도 한몫을 했다고 생각한다. 문화원이 옛 지명 유래집을 발간하고 있지만 그처럼 그 어원의 정확한 근거와 왜곡 사례 등을 일러주는 책은 없었다. 춘천 지명을 통시적으로 바라본 책이라는 데 의미가 있다. 지명들의 연원을 찾고 이것이 춘천의 역사 맥락과 어떻게 연관되는지를 이야기하고 있다.

이무상 시인은 자신이 살고 있는 땅에 대한 관심을 키우며 이런저런 자료를 찾기 시작했고 이 자료를 정리하여 300여 쪽의 책을 냈다. 토속 지명을 찾아내고 이것이 어떤 방식으로 지금의 지명이 되었는지, 그리고 역사에 나타난 지명들과 그것으로 살펴보는 춘천의 역사를 써 내려갔다. 자료 준비에 20여년의 시간이 걸렸고, 3년 가까이 걸려서 글을 썼다고 한다.

춘천의 역사를 《삼국사기》에서부터 찾아간 그의 노력은 고향에 대한 애정이라고만 표현하기에는 아쉽고 긴 공을 들인 작업이었다. 또 글을 써놓고도 한참 동안 이것을 책으로 내줄 곳을 찾지 못해 안타까워하다가 이런 노고를 알고 있는 주변 지인들의 후원을 받아 책이 발간되었다. 역사 전공자도 아닌 분이 이런 책을 낸 동기는 간명하지만 누구나 할 수 있는 일은 아니어서 존경의 마음이 절로 인다.

"처음 글을 쓰게 된 발단은, 춘천에 온 모 회사 지점장과 술자리를 같이했는데 그분이 춘천에 관심이 많았어요. 많은 것을 묻고 답했는데 어느 것 하나 시원스레 답을 주지 못해서 부끄러웠지요. 춘천을 안다고 생각한 것이 부끄러웠어요. 그 자책감으로 공부를 시작했지요."

춘천에서 태어나고 자란 그는 이 책뿐만 아니라 지역의 이야기 찾고 글로 쓰는 일에 누구보다 많은 열정을 갖고 있다. 춘천의 특정 장소나 사건 등을 모티브로 하여 꾸준히 시를 쓴다. 1975년 〈강원일보〉 신춘문예와 1980년 〈현대문학〉 추천으로 등단한 시인은 춘천의 시단을 이끌어가는 선두에 있었다. 춘천의 전통 있는 시 동인인 '수향시', '삼악시'의 초대 회장을 지냈고, 문인협회를 이끌기도 했다. 자신만의 색깔을 지닌 탄탄한 시어를 가지고 있다.

그는 늘 사람들과 어울리기 좋아한다. 요선시장, 풍물시장 등 시장 거리 한 편의 막걸릿집이나 소주 한잔할 수 있는 밥집, 아니면 시 낭송이 자주 열리는 예부룩 등 카페에서 자주

맞닥뜨리는 분이다. 불콰한 얼굴에 환한 듯, 약간 수줍은 듯
한 표정의 그를 만나면 반가움에 얼른 찾아가 먼저 인사를 건
네게 되는 그런 분위기를 지니고 있다. 동네 아저씨 같기도 하
고, 가식 없이 사람들을 대하는 행동으로 인해 그의 주변에는
따르는 이들이 많다. 이 동네의 친근한 어른이다.

　나는 가끔 여러 형식의 춘천 지역의 이야기를 쓰며 소양강,
공지천, 봉의산 등 춘천의 특정 장소를 소재로 쓴 글들을 조사
하는데 그때마다 이무상 시인의 시가 꼭 나타나곤 한다. 얼마
전에는 춘천에 오랫동안 주둔했던 미군 부대 캠프페이지를
소재로 글을 쓰면서 자료를 찾으니 시인은 1984년 중국 민항
기가 캠프페이지에 불시착한 사건도 생생한 현장 감각을 담
아 시로 남겼다. 그는 6·25전쟁의 경험을 연작으로 하여 시집
《끝나지 않은 여름》을 출간하기도 했다. '열두 살 소년이 본
6·25'라는 부제가 붙은 이 시집을 낸 작가의 서문이 마음을
쿡 찌른다.

　이 책은 내가 보아도 재미없다. 시대에 뒤떨어진 케케묵은 이야기이니
　그럴 수밖에 없다. 이 땅에서 일어난 일들을 알아야 이 땅을 지켜갈 수 있
　고 나를 지킬 수 있다. 농부가 자기 땅의 토질을 알아야 좋은 수확을 거
　둘 수 있음과 같다. 이 책은 전쟁 체험 세대의 마지막 기록이 될 수 있으
　며 어른 눈으로 본 전쟁의 이면사이며 체험기록이다.

이 시집에는 어린 나이에 전쟁을 경험하고 피난을 가며 겪었던 혼란, 고통 등이 수식이나 은유 없이 간결하고 아프게 표현되어 있다.

"내가 살고 있는 땅의 역사를 안다는 것은 바로 나를 안다는 것"이라는 시인은 그래서 춘천의 옛 이름을 찾아내고 그 이름들이 가진 의미를 묵묵히 찾아낸 것일 테다.

시인은 살고 있는 땅의 역사에 대한 관심을 여러 방식으로 표출한다. 동인 '문소회'를 만들어 춘천의 문화유적을 답사하고 그것을 각자의 재능인 시, 소설, 수필, 사진, 기록문 등으로 남기는 작업도 꾸준히 해왔다. 문인들과 사진작가, 서예가, 화가 등 예술인들로 구성된 이 단체는 매회 춘천의 역사를 공부하고 답사와 토론을 한다. 소양강, 봉의산, 삼악산, 청평사 등 춘천의 대표적인 명소나 춘천의 고개 같은 마을 구석구석 이야기가 담긴 곳을 찾아다니고 그것을 정리하여 한 권의 책을 내곤 한다.

이 단체의 이름은 '문소韶韶'다. 춘천의 역사에서 따온 이름이다. 중국 순임금의 태평성대 소리인 소韶를 상징하는데, 소 음악이 있고 그 소리에 봉황이 날아와 춤을 추는 땅, 그것을 꿈꾸었던 춘천부사 엄황이 봉황 형세를 한 봉의산鳳儀山과 소양강이 바라보이는 언덕에 누각을 짓고 문소각이라는 편액을 걸었다고 한다. 이 기록에 따라 춘천이 그런 평화로움, 춘천인의 풍격風格을 가져야 한다는 의미에서 책 이름을 '문소韶韶'로 지은 것.

이쯤이면 춘천 사람이 된다는 것에 슬그머니 자긍심이 느껴진다. 이런 마음을 가진 분들과 함께 다니며 기록을 남기지는 못하지만 책이 나올 때마다 읽어보고 자료로 쓸 요량으로 모아둔《문소총서》가 내 책꽂이에 제법 여러 권 쌓여있다.

책을 들여다볼 때마다 저마다 자신의 언어로 춘천을 기록하고 즐기는 모습이 여유롭게 느껴진다. 이렇게 지역을 알리고 하고 다른 이들에게 퍼뜨리는 작업을 하는 사람들이 많아지면, 지금 이곳 내가 사는 곳이 즐겁지 않겠는가.

팔순을 훌쩍 넘긴 시인이 최근 동인지《수향시낭송회 사화집》에 실은 시는 그저 평범한 일상이다. 춘천의 막걸릿집, 골목 어디에서나 그는 춘천 사람으로 담담하게 살아간다. 춘천 풍경의 하나가 되어서.

풍물시장〈북산집〉에서
3시 약속의 벗들을 기다리는데
맞은편에 앉은 손님이 건너다보며 인사를 한다
어디서 본 사람일까?

오랜만에 만난 나의 친구들
반가움에 술잔이 바쁘게 오가는데
누군가 또 다가와 인사를 한다

문득 바라보니

시청에 근무하는 K 시인이다

(…)

우리는 즐겁게 손을 잡으며

흩어지고 있었다.

–이무상, 〈어느 날의 일기〉

살아온 땅을 닮은 사람들

국립춘천박물관에 가면 전시물 가운데 '오백나한상'이 있다. 영월 창령사에서 발굴된 것이다. 창령사는 이렇다 할 기록이 없는 폐사인데 이곳에서 우연히 발굴된 불교 유물이다.

'나한'은 부처의 가르침을 듣고 깨달은 사람, 산스크리트어 '아라한Arhan-阿羅漢'의 줄임말이라고 한다. 석가모니가 열반한 뒤 처음 경전을 만든 사람들이 500명이었다는 데서 유래했다고 하는 나한은 그림이나 조각으로 조성되어 전해온다.

국립춘천박물관에 있는 오백나한은 조각상인데. 나는 불교 신자가 아니지만 가끔 박물관에 들르는 주요 이유가 이 나한상을 보고 싶기 때문이다. 오백나한상은 2018년 처음 전시되었고 그 이후 다양한 방식으로 전시 구성이 이루어지면서 많은 사람의 발걸음을 이끌었다.

우리는 보통 박물관에서 유물들을 매우 엄숙한 분위기에서 만난다. 그래서 학습을 목적으로 아이들을 이끌고 가거나, 역사에 어느 정도 관심이 있는 사람들이 찾아드는 곳으로 인식

한다. 그런데 춘천박물관에서는 강원도 역사를 중심으로 하는 역사관과 더불어 나한상이 있는 전시실을 브랜드실로 하여 연중 전시하고 있어서 이를 보기 위해 발걸음하는 사람들이 제법 많다. 사실을 확인한 바는 없지만 여러 전시 가운데 이만큼 많은 사람을 지속적으로 찾게 하는 것은 없을 것 같다.

이 나한상들은 2001년 영월군 남면 창원2리에 있는 창령사지에서 발굴되었다. 조선 초기 불에 탄 사찰로 알려진 창령사는 절터만 남아있었는데, 토지 소유자가 경지 정리를 하다가 나한상들을 발견하고 신고하면서 본격적으로 발굴이 이루어진 결과 절터가 확인되고 나한상들이 수습되었다.

내가 처음 오백나한상을 박물관에서 보았을 때는 유리 진열장 안과, 유리는 없지만 경계가 있는 넓은 진열대에 나란히 배치되어 있었다. 불상 하면 부처나, 보살상이 대표적이고 대부분 크기가 제법 있는데 이 나한상은 좌상들로 자그마한 데다 여러 가지 표정과 모양을 하고 있다. 거친 화강암에 단조한 구성으로 되어있지만 조각상 하나하나가 조금씩 다른 모습을 하고 있었다. 엷은 미소, 무언가 수줍어하는 모습, 바위 뒤에 숨어 고개를 살짝 내민 모습, 그런가 하면 슬픈 얼굴도 있고, 입술을 꽉 다물어 생각이 많아 보이는 나한도 있었다. 소박하다 못해 초라해 보일 정도라고 보는 이들도 있다.

'이게, 깨달음을 얻은 사람들인가? 아니야, 내 표정과 별로 다르지 않잖아…?'

크기로 위압하는 불상이 수없이 많은 박물관 한편에 있는 이 나한상들은 왠지 저 자리가 어울리지 않는 것 같은 기분이 들면서도 묘하게 마음을 끌어당겼다. '어쩌면 우리의 얼굴과 다르지 않기에 더 공감이 가는 것이 아닐까…' 서서히 생각이 깊어졌다.

이렇게 우리에게 다가온 나한상은 여러 모양으로 전시 구성을 바꾸면서 박물관에 상설 전시되고 있다. 설치미술가들과 결합한 전시도 열렸고, 지역 작가들과 컬래버 작업을 하며 나한상과 연계된 이미지를 함께 전시하는 기획전 등 여러 가지 시도를 하면서 나한들은 유리 장에서 나와서 사람들에게 조금 더 가까이 다가갔다. 거대한 설치미술 공간으로 조성된 전시관에 나한들이 이리저리 자리 잡고 앉아있는 공간, 나는 그곳 한가운데 서서 발걸음을 떼기 어려웠다. 하나하나 사연을 담은 사람들이 나에게 이야기를 하는 것이었다.

"그래, 힘드니? 나도 그렇지 뭐. 그렇지만 조금 더 견뎌보려고 해."

"화가 나? 그럼 나를 가만히 봐. 그럼 좀 마음이 가라앉을 걸."

땅속에서 오랜 시간을 버텨온 나한들은 부서지고 닳아서 형태도 희미하지만 저마다의 얼굴로 이야기한다. 내 얼굴과 그리 다르지 않은 모습인데 그 안에서 따뜻함이 전해오는 것이었다.

오백나한상

누가 이 조각품들을 만들어냈을까? 그 사람은 깨달음이 뭐라고 생각했을까? 나한들은 모두 행복, 괴로움, 기쁨, 슬픔 등 삶에서 느끼는 감정과 욕망을 털어내고 선정禪定에 들어가 있는 것일까? 보통의 나한과는 다른 표정을 한 이들은 우리의 얼굴과 크게 다르지 않아서 친근감이 간다. 또한 그 얼굴을 한참 보면 내가 투영되면서 그 얼굴에 둘러싼 두건이 나를 품어주는 것 같은 것은 또 무얼까?

오백나한을 만나는 사람들은 대부분 이런 마음에 공감한다. 박물관의 후기를 올린 사람들도 '불상의 근엄한 얼굴이 아니라 그냥 우리 주변에서 흔히 보는 그런 얼굴, 우리 이웃의 얼굴'이라는 느낌을 언급하곤 한다.

최근에는 춘천의 다른 전시장에서 오백나한을 몇 번 만났다. 한번은 서양화가로 종이로 질감을 가진 돌을 형상화하며 '영겁의 시간'을 담고 있는 전태원 작가의 개인전에 갔더니 전시장에 신문지를 풀어 찰흙처럼 만든 재료로 이 나한상을 재구성한 작품이 있었다. 또 다른 곳에서는 섬유 예술가 허미순이 개인전을 열면서 천과 자수 실을 이용해 나한상을 자신의 관점으로 표현하고 있었다. 꽤 여러 점의 작품이 있었는데 박물관의 나한상 분위기를 유지하면서 재료나 표현이 새로워 호감이 갔다.

반가움에 작가들과 나한상에 대한 이야기를 한참 나누었는데 그들도 나처럼, 춘천박물관의 나한들이 주는 감성에 이끌려 작품을 하게 되었다고 한다. 이렇게 나한들은 사람들 속으로 들어가 새로이 탄생하고 있다. 그리고 우리의 마음을 어루만져준다.

깨달음은 삶과 그렇게 멀리 떨어져 있지 않고, 그 속에서 발견해나가는 것이 아닐까? 어쩌면 지극히 세속적인 표정으로 있는 이 나한들이 그것을 말하고 있는 것은 아닌지 모르겠다.

강원도 사람들도 그럴 것이다. 자연의 품속에서 오랫동안 하나가 되어 살아온 사람들도 아마 이런 표정, 수줍은 듯, 웃는 듯 마는 듯하지만 평안한 얼굴, 화가 나도 곧 삭일 줄 아는 얼굴, 이것이 오랜 시간 강원도의 자연 속에서 살아온 사람들의 얼굴일 것이다. 하지만 나는 옛사람들처럼 자연과 친화하지 못하고 도시에서 떠돈다. 내 얼굴, 지금을 사는 우리들의 얼굴은 어디에서 만날 수 있을까?

오백나한들은 춘천뿐 아니라 서울, 부산 등지에서 순회전을 갖더니 한국·호주 수교 60주년을 기념하여 2021년 말부터 이듬해 5월까지 6개월간 호주 파워하우스뮤지엄에서 전시를 열기도 했다. 오백나한들은 한국을 넘어 세계로 확장되고 있는 강원인의 얼굴, 한국인이 얼굴이다.

강원인의 얼굴, 한국인의 얼굴

강원도, 느림의 미학

초판 1쇄 발행	2022년 11월 10일

지은이	유현옥
펴낸곳	(주)행성비
펴낸이	임태주
편집총괄	이윤희
책임편집	김지호
디자인	페이지엔
출판등록번호	제2010-000208호
주소	경기도 파주시 문발로 119 모퉁이돌 303호
대표전화	031-8071-5913
팩스	0505-115-5917
이메일	hangseongb@naver.com
홈페이지	www.planetb.co.kr

ISBN 979-11-6471-206-9 (03980)

행성B는 독자 여러분의 참신한 기획 아이디어와 독창적인 원고를 기다리고 있습니다. hangseongb@naver.com으로 보내 주시면 소중하게 검토하겠습니다.